畜禽屠宰检验检疫图解系列丛书

鸡屠宰检验检疫图解手册

中国动物疫病预防控制中心
（农业农村部屠宰技术中心）　编著

中国农业出版社

北　京

图书在版编目（CIP）数据

鸡屠宰检验检疫图解手册／中国动物疫病预防控制
中心（农业农村部屠宰技术中心）编著．—北京：中国
农业出版社，2018.11（2022.1重印）
（畜禽屠宰检验检疫图解系列丛书）
ISBN 978-7-109-24741-3

Ⅰ．①鸡… Ⅱ．①中… Ⅲ．①鸡—屠宰加工—卫生检
疫—图解 Ⅳ．①S851.34-64

中国版本图书馆CIP数据核字（2018）第258305号

中国农业出版社出版

（北京市朝阳区麦子店街18号楼）

（邮政编码　100125）

责任编辑　刘　玮

北京中科印刷有限公司印刷　新华书店北京发行所发行
2018年11月第1版　　2022年1月北京第2次印刷

开本：787mm×1092mm　1/16　印张：7.25

字数：180千字

定价：60.00元

（凡本版图书出现印刷、装订错误，请向出版社发行部调换）

丛书编委会

本书编委会

主　编　吴　晗　李汝春

副主编　高胜普　尤　华　王宝亮　李　舫

编　者　（按姓氏音序排列）

　　　　边　际　崔晓娜　杜　燕　高胜普　郭洪军　金　晖

　　　　李丛丛　李　舫　李福祥　李汝春　孟庆阳　王宝亮

　　　　王福红　王海艳　王金华　吴　晗　杨金宝　尤　华

　　　　张朝明　张新玲

审　稿　王金华　李春保　闵成军　戴瑞彤　王海艳

丛书序

　　肉品的质量安全关系到人民的身体健康，关系到社会稳定和经济发展。畜禽屠宰检验检疫是保障畜禽产品质量安全和防止疫病传播的重要手段。开展有效的屠宰检验检疫，需要从业人员具备良好的疫病诊断、兽医食品卫生、肉品检测等方面的基础知识和实践能力。然而，长期以来，我国畜禽屠宰加工、屠宰检验检疫等专业人才培养滞后于实际生产的发展需要，屠宰厂检验检疫人员的文化程度和专业水平参差不齐。同时，当前屠宰检疫和肉品品质检验的实施主体不统一，卫生检验也未有效开展。这就造成检验检疫责任主体缺位，检验检疫规程和标准执行较差，肉品质量安全风险隐患容易发生等问题。

　　为进一步规范畜禽屠宰检验检疫行为，提高肉品的质量安全水平，推动屠宰行业健康发展，中国动物疫病预防控制中心（农业农村部屠宰技术中心）组织有关单位和专家，编写了畜禽屠宰检验检疫图解系列丛书。本套丛书按照现行屠宰相关法律法规、屠宰检验检疫标准和规范性文件，采用图文并茂的方式，融合了屠宰检疫、肉品品质检验和实验室检验技术，系统介绍了检验检疫有关的基础知识、宰前检验检疫、宰后检验检疫、实验室检验、检验检疫结果处理等内容。本套丛书可供屠宰一线检验检疫人员、屠宰行业管理人员参考学习，也可作为兽医公共卫生有关科研教育人员参考使用。

　　本套丛书包括生猪、牛、羊、兔、鸡、鸭和鹅7个分册，是目前国内首套以图谱形式系统、直观描述畜禽屠宰检验检疫的图书，可操作性和实用性强。然而，本套丛书相关内容不能代替现行标准、规范性文件和国家有关规定。同时，由于编写时间仓促，书中难免有不妥和疏漏之处，恳请广大读者批评指正。

编著者

2018年10月

目 录

第一章

鸡屠宰检验检疫基础知识图解

第一节　鸡屠宰检验检疫有关专业术语

一、术语定义

1. 鸡屠体　宰杀沥血后的鸡体，包括内脏（图1-1-1）。

图1-1-1　鸡屠体

2. 鸡胴体　鸡经宰杀沥血后，去毛、去内脏、去头或不去头、去爪或不去爪的屠体（图1-1-2）。

图1-1-2　鸡胴体

3．宰前检验检疫　是对即将屠宰的肉鸡进行的检验检疫，是屠宰检验检疫的重要组成部分，是动物卫生监督的重要环节之一（图1-1-3）。

图1-1-3　宰前检验检疫

4．宰后检验检疫　是应用兽医病理学和实验诊断学的知识，对宰后屠体实行的检验检疫，是保证肉品卫生最重要的环节（图1-1-4）。

图1-1-4　宰后检验检疫

5.**挥发性盐基氮** 动物性食品由于酶和细菌的作用,在腐败变质过程中使蛋白质分解而产生氨及胺类等具有挥发性的碱性含氮物质。它是评价肉新鲜度的客观指标。常用半微量凯氏蒸馏法测定挥发性盐基氮(图1-1-5)。

6.**菌落总数** 是指将一定数量和面积的食品检样,在一定条件下(如样品的处理、培养基种类、培养时间、温度等)进行培养,使适应该条件的每一个活菌必须且只能形成一个肉眼可见的菌落(图1-1-6),然后进行菌落计数所得到的菌落数量。通常以10或1mL或1cm²样品中的CFU(colony forming unit,菌落形成单位)来表示。它是评价肉品新鲜度和被细菌污染程度的一项重要指标。

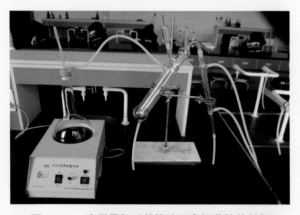 

图1-1-5 半微量凯氏蒸馏法测定挥发性盐基氮　　图1-1-6 菌落生长情况

7.**大肠菌群数** 以1g或1mL或1cm²样品中所含的大肠菌群的MPN(maximum probable number,最可能数)来表示(图1-1-7)。

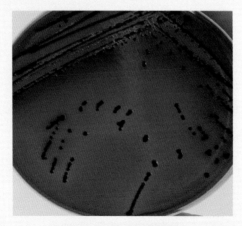

图1-1-7 大肠杆菌在伊红美蓝培养基上的菌落特征

二、解剖学基础知识

1. 呼吸系统 鸡的呼吸系统由鼻腔、喉、气管、支气管、肺、气囊组成（图 1-1-8）。

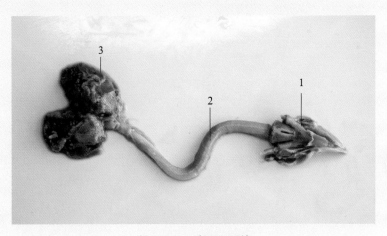

图1-1-8 鸡呼吸系统
1.喉头 2.气管 3.肺

2. 消化系统 鸡的消化系统由喙、口腔、咽、食道、嗉囊、腺胃、肌胃、十二指肠、空肠、回肠、盲肠、直肠、泄殖腔组成（图1-1-9）。

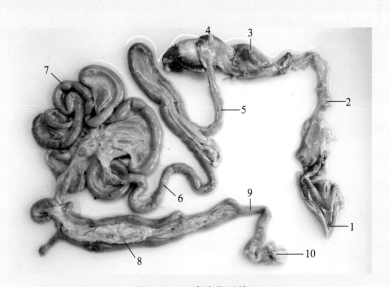

图1-1-9 鸡消化系统
1.喙 2.食道 3.腺胃 4.肌胃 5.十二指肠 6.空肠 7.回肠 8.盲肠
9.直肠 10.泄殖腔

三、病理学基础知识

1．淤血　由于静脉血液回流受阻，血液淤积在小静脉及毛细血管内，使局部器官组织的静脉性血量增多的现象，称为淤血（图1-1-10）。

2．出血　血液流出心血管之外，称为出血（图1-1-11）。

图1-1-10　淤血

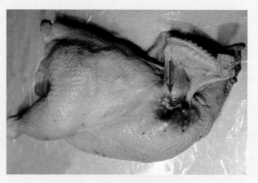

图1-1-11　骨折出血

3．水肿　过多的液体积聚在组织间隙或体腔中，称为水肿（图1-1-12）。

4．坏死　在活体内局部组织细胞的死亡，称为坏死（图1-1-13）。

图1-1-12　肺水肿

图1-1-13　肝坏死

5．败血症　病原微生物在局部感染处进入血液大量繁殖，产生毒素，造成广泛组织损伤和严重中毒的全身反应的病理过程，称为败血症（图1-1-14）。

6．肿瘤　在各种致瘤因素的作用下，身体局部组织细胞在基因水平上失去对其生长的控制，导致异常增生所形成的新生物，这种新生物常形成局部肿块，称为肿瘤（图1-1-15）。

图1-1-14　败血症

图1-1-15　心脏肿瘤

第二节　鸡屠宰检验检疫主要疫病的临床症状和病理变化

　　按照农业部2010年发布的《家禽屠宰检疫规程》的规定，鸡屠宰检疫对象包括7种疫病：高致病性禽流感、新城疫、禽白血病、禽痘、马立克氏病、鸡球虫病、禽结核病。

　　按照农业部2008年发布的《一、二、三类动物疫病病种名录》分类（图1-2-1）：

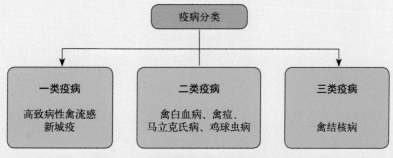

图1-2-1　鸡屠宰检验检疫主要疫病分类

一、高致病性禽流感

1．临床症状 鸡出现突然死亡、死亡率高；病禽极度沉郁，头部和眼睑水肿，冠发绀、脚鳞出血和神经紊乱（图1-2-2、图1-2-3、图1-2-4），怀疑感染高致病性禽流感。

图1-2-2 鸡群精神沉郁，有神经症状（1）

图1-2-3 鸡群精神沉郁，有神经症状（2）

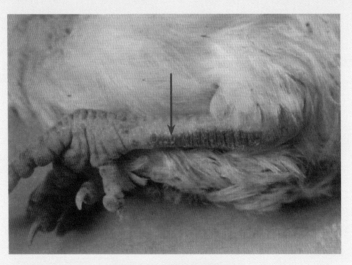

图1-2-4 腿部皮肤出血

2．主要病理变化 消化道、呼吸道黏膜广泛充血、出血（图1-2-5）；腺胃黏液增多，可见腺胃乳头出血，腺胃和肌胃之间交界处黏膜可见带状出血；心冠及腹部脂肪出血；输卵管的中部可见乳白色分泌物或凝块（图1-2-6）；卵泡充血、出血、萎缩、破裂，有的可见"卵黄性腹膜炎"；胰腺和心肌组织局灶性坏死。

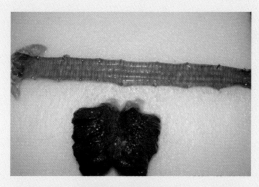

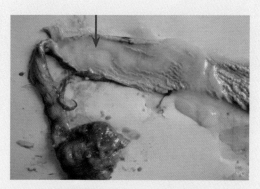

图1-2-5　禽流感（气管和肺出血、水肿）　　　　图1-2-6　禽流感（输卵管炎）

二、新城疫

1. 主要症状　　出现体温升高、食欲减退、神经症状（图1-2-7）；缩颈闭眼、冠髯暗紫；呼吸困难（图1-2-8）；口腔和鼻腔分泌物增多，嗉囊肿胀；下痢；产蛋减少或停止；少数鸡突然发病，无任何症状而死亡的，怀疑感染新城疫。

图1-2-7　新城疫（神经症状——观星状姿势）　　　图1-2-8　新城疫（呼吸困难）

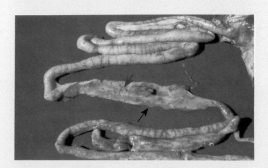

图1-2-9　新城疫（小肠黏膜出血、溃疡，形成岛屿状坏死溃疡灶）

2. 主要病理变化　　全身黏膜和浆膜出血，以呼吸道和消化道（图1-2-9）最为严重；腺胃黏膜水肿，乳头和乳头间有出血点；盲肠扁桃体肿大、出血、坏死；十二指肠和直肠黏膜出血，有的可见纤维素性坏死病变；脑膜充血和出血；鼻道、喉、气管黏膜充血，偶有出血，肺可见淤血和水肿。

三、禽白血病

1．主要症状　精神沉郁、虚弱、脱水和腹泻。有些病鸡还可见到腹部肿大，鸡冠苍白、皱缩或偶见发绀（图1-2-10）。

2．主要病理变化　常在肝、脾和法氏囊出现大小和数量不等的肿瘤病变，在其他组织器官如肾、肺、性腺、心、胃、肠系膜、骨髓及肌肉等也可见（图1-2-11至图1-2-13）。肿瘤呈结节形或弥漫形，灰白色至淡黄白色，大小不一，切面均匀一致。

图1-2-10　禽白血病（精神沉郁，虚弱，冠苍白、皱缩或偶见发绀）

图1-2-11　禽白血病（肌肉肿瘤）

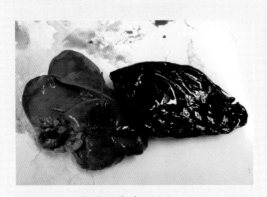

图1-2-12　禽白血病（肝肿大、坏死、破裂、出血）

图1-2-13　禽白血病（腿部血管瘤）

四、禽痘

主要症状和病理变化：冠、肉髯和其他无羽毛部位发生大小不等的疣状块，皮肤增生性病变（图1-2-14、图1-2-15）；口腔、食道、喉或气管黏膜出现白色结节或黄色白喉膜病变（图1-2-16、图1-2-17）等症状的，怀疑感染禽痘。

图1-2-14 禽痘（皮肤型，冠髯痘疹）

图1-2-15 禽痘（皮肤型，头部皮肤痘疹）

图1-2-16 禽痘（黏膜型）

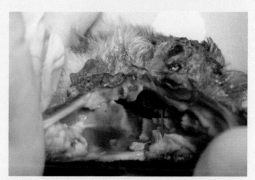

图1-2-17 禽痘（黏膜型，咽喉部黄白色假膜）

五、马立克氏病

1. 主要症状 出现食欲减退、消瘦（图1-2-18）、腹泻、体重迅速减轻，死亡率较高；运动失调，劈叉姿势；虹膜褪色，单侧或双眼灰白色混浊所致的白眼病或瞎眼；颈、背、翅、腿和尾部形成大小不一的结节及瘤状物等症状的，怀疑感染马立克氏病。

图1-2-18 鸡马立克氏病（消瘦）

2．主要病理变化　肝、脾、胰、睾丸、卵巢、肾、肺、腺胃和心脏等脏器出现广泛的结节性或弥漫性肿瘤（图1-2-19）；常在翅神经丛、坐骨神经丛、腰荐神经和颈部迷走神经等处发生病变，病变神经可比正常神经粗2～3倍，横纹消失（图1-2-20），呈灰白色或淡黄色，有时可见神经淋巴瘤；虹膜失去正常色素，呈同心环状或斑点状，瞳孔边缘不整，严重阶段瞳孔只剩下一个针尖大小的孔；常见毛囊肿大，大小不等，融合在一起，形成淡白色结节，在拔除羽毛后尸体尤为明显。

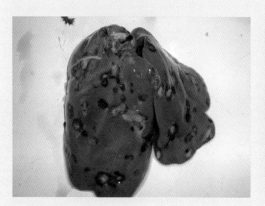

图1-2-19　马立克氏病（肝肿大、肿瘤）

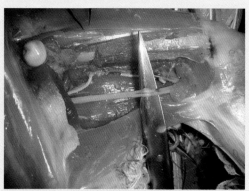

图1-2-20　马立克氏病（坐骨神经肿大、水肿、横纹消失）

六、鸡球虫病

1．主要症状　出现精神沉郁、羽毛松乱（图1-2-21）、不喜活动、食欲减退、逐渐消瘦；泄殖腔周围羽毛被稀粪沾污；运动失调、足和翅发生轻瘫；嗉囊内充满液体，可视黏膜苍白；排水样稀粪、棕红色粪便、血便、间歇性下痢；群体均匀度差，产蛋下降等症状的，怀疑感染球虫病。

图1-2-21　鸡球虫病（精神沉郁、羽毛松乱）

2．主要病理变化　柔嫩艾美耳球虫主要侵害盲肠，盲肠显著肿大，可为正常的3～5倍，肠腔中充满凝固的或新鲜的暗红色血液，盲肠上皮变厚，有严重的糜烂。毒害艾美耳球虫损害小肠中段，使肠壁扩张、增厚，有严重的坏死，在裂殖体繁殖的部位，有明显的淡白色斑点，黏膜上有许多小出血点，肠管中有凝固的血液或有西红柿样胶冻状内容物（图1-2-22）。巨型艾美耳球虫损害小肠中段，可使肠管扩张，肠壁增厚，内容物黏稠，呈淡灰色、淡褐色或淡红色。堆型艾美耳球虫可导致被损害的肠段出现大量淡白色斑点。哈氏艾美耳球虫损害小肠前段，肠壁上出现大头针头大小的出血点，黏膜有严重的出血（图1-2-23）。

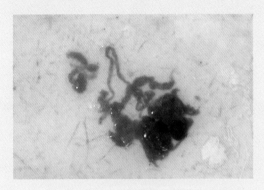

图1-2-22　鸡球虫病（西红柿样血便）

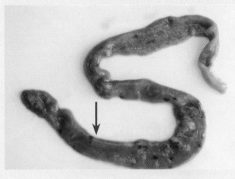

图1-2-23　鸡球虫病（小肠黏膜白色结节、出血斑）

七、禽结核病

1. **主要症状**　精神沉郁，渐进性消瘦，羽毛蓬乱，冠髯贫血苍白（图1-2-24）。

图1-2-24　禽结核病（精神沉郁、渐进性消瘦、羽毛蓬乱）

2. **主要病理变化**　多见于肠道、肝脏、脾脏、骨骼和关节，结核结节大小不一，一般针头大到粟粒大（图1-2-25、图1-2-26）。肝和肠的结节可达豌豆大，且凸出于器官表面。结核结节常呈灰白色或淡黄色，切开时见有结缔组织包囊，很少钙化。肠结核有时可形成溃疡。

图1-2-25　禽结核病（心脏、脾脏、肝脏、骨等组织结核结节）

图1-2-26　禽结核病（骨结核）

第三节　鸡屠宰检验检疫常见品质异常肉

一、气味异常肉

气味异常肉，在肉鸡屠宰后和保藏期间均可发现。其种类主要有饲料气味、病理性气味、特殊气味（如汽油味、油漆味、烂鱼虾味、消毒药物味）等。

1. 饲料气味　鸡宰前长期饲喂带有浓厚气味的饲料，如苦艾、萝卜、甜菜、油饼渣、鱼粉、蚕蛹粕等，使肉和脂肪产生相应的气味。

2. 病理性气味　指当鸡患某种疾病时，肉和脂肪带有特殊气味。如患气肿疽和恶性水肿时，肉有陈腐油脂气味；患腹膜炎时，肉有腐尸臭味；患蜂窝织炎时，肉有腥臭味；患卵黄性腹膜炎时，肉有恶臭气味。

3. 药物气味　在鸡屠宰前注射或服用具有芳香或其他有特殊气味的药物，如乙醚、樟脑、氯仿、松节油、克辽林等，会使肌肉带有药物的气味，这种情况在鸡急宰后最为常见。

4．附加气味　指将肉在贮运时置于具有特殊气味（如消毒药、漏氨冷库、鱼、虾、烂水果、塑料、蔬菜、葱、蒜、油漆、煤油等）的环境中，因吸附作用而使肉具有异常的附加气味。

5．发酵性酸臭　见于新鲜胴体吊挂时，吊挂过密或堆放，胴体间空气不流通，使其深部余热不能及时散失，引起自身产酸发酵，使肉质软化，色泽深暗，带有酸臭味。

二、注水肉

注水肉是指屠宰加工过程中向胴体肌肉丰满处注水后的鸡肉。浸泡掺水的白条鸡，胸肌呈苍白色，皮肤变软，毛孔胀大呈浅白色，冠髯膨胀。用手触摸注水肉，手指黏湿，指压时有多余的水分流出，指压痕迹恢复缓慢，肉弹性差。用检验刀切开被检肉，注水肉切面湿润，有血水流出，皮下疏松组织处有淡红色或微黄色胶冻样浸润，严重的肌肉分层如水煮样且黏刀。

三、组织器官病变

1．出血

（1）机械性出血　为机械作用所致，屠鸡被猛烈撞击、骨折、外伤（刀伤、挫伤、刺伤等）时最易发生，此种出血常呈局限性的破裂性出血，流出的血液蓄积在组织间隙，甚至形成血肿。发生部位与机械作用部位一致，多见于皮肤、体腔、肌肉、皮下和肾旁。

（2）电麻性出血　为电麻不当所致，如电麻时电压过大、持续时间过长等。此种出血多表现为多量的新鲜放射状出血，以肺最为多见，尤其是在肺膈叶背缘的肺胸膜下有散在的或密集成片的出血变化。

（3）窒息性出血　为缺氧所引起。主要见于颈部皮下、胸腺和支气管黏膜等处。表现静脉怒张，血液呈黑红色，有数量不等的暗红色淤点和淤斑。

（4）病原性出血　为传染病和中毒所引起。常表现为渗出性出血。出血呈散在点状、斑块状或弥散性，多见于皮肤、皮下组织、浆膜、黏膜以及肌肉等处，且有该病原引起的相应组织、器官的特征性病理变化。病原性出血的时间，可根据鲜红→暗红→紫红→微绿→浅黄的颜色变化顺序来判断。

2．组织水肿　组织水肿是指组织间隙或体腔中组织液的含量增加。在胴体任何部位如有水肿，其边缘呈胶样浸润时，应首先排除恶性水肿，然后判定水肿的性质，即判定水肿是炎性水肿还是非炎性水肿。

3．蜂窝织炎 蜂窝织炎是指在皮下或肌间疏松结缔组织发生的一种弥漫性化脓性炎症。发生部位常见于皮下、黏膜下、筋膜下、软骨周围、腹膜下及食道和气管周围的疏松结缔组织。严重时，能引起脓毒败血症。

4．脓肿 脓肿是指组织内局限性化脓性炎症，是宰后常见的一种病变，容易识别。当在任何组织器官发现脓肿时，首先应该考虑是否为脓毒败血症。对无包囊而周围有明显炎性反应的新脓肿，一旦查明是转移性的，即表明是脓毒败血症。

5．败血症 败血症是在鸡体抵抗力降低时，病原微生物通过创伤或感染灶侵入血液，生长繁殖，产生毒素，引起全身中毒和毒害的病理过程。败血症可以是某些炎症发展的一种结局，也可以是某些传染病的败血型表现。败血症在通常情况下可以由许多病原微生物引起。败血症一般无特殊病理变化，常表现为各实质器官变性、坏死及炎症变化；胴体放血不良，血凝不良；皮肤、黏膜、浆膜和各种脏器充血、出血、水肿；脾充血、炎症细胞侵润及网状内皮细胞增生，从而导致体积增大。而由化脓性细菌感染引起的败血症，常在器官、组织内发现脓肿或多发性、转移性化脓灶，即脓毒败血症。

6．心脏病变

（1）心肌炎 心脏扩张，心肌呈灰黄色或灰白色，似煮肉状，质地松软。炎症若为局灶性，在心内膜和心外膜下可见灰黄色或灰白色斑块或条纹。化脓性心肌炎时，在心肌内有散在的大小不等的化脓灶。

（2）心包炎 纤维素性心包炎，心包极度增厚，与心脏及周围器官发生粘连，形成"绒毛心"。

7．肝脏病变

（1）肝脂肪变性 常由传染病、中毒等因素引起，多见于败血性疾病。初期表现肝脏肿大，被膜紧张，边缘钝厚，呈不同程度的浅黄色或土黄色，质地松软而脆，切面有油腻感，称为"脂肪肝"。病程长时，肝体积缩小。若肝脂肪变性同时又有淤血时，肝脏切面由暗红色的淤血部和黄褐色的脂变部交织掺杂形成类似槟榔切面的花纹，称为"槟榔肝"。

（2）肝淤血 轻度淤血，肝脏实质正常。淤血严重的，体积增大，被膜紧张，边缘钝圆，呈蓝紫色，切开时有暗红色血液流出。

（3）肝坏死 大多数因感染坏死杆菌引起，病变特征为肝表面和实质散在榛实大或更大一些的凝固性坏死灶，呈灰色或灰黄色，质地脆弱，切面结构模糊，周围常有红晕。

（4）肝硬变　见于传染病、寄生虫病或非传染性肝炎。其特点是肝脏内结缔组织增生，使肝脏变硬和变形。萎缩性肝硬变时，一般肝体积缩小，被膜增厚，质地变硬，灰红或暗黄色，肝表面呈颗粒状或结节状，称为"石板肝"。肥大性肝硬变时，肝体积增大2～3倍，质地坚实、表面平滑或略呈颗粒状，称为"大肝"。

第四节　鸡屠宰工艺流程和生产人员卫生防护要求

一、鸡屠宰工艺流程

鸡屠宰工艺流程图：待宰→挂鸡→致昏→宰杀、沥血→烫毛→脱毛→净膛→冲洗→冷却→分割→包装→冻结→贮存。

1. 待宰　经宰前检验检疫合格的鸡卸车待宰（图1-4-1）。

图1-4-1　卸车待宰

2. 挂鸡　将宰前检验检疫合格的鸡上挂生产线链条（图1-4-2）。

图1-4-2　挂鸡

3. 致昏　应采用电致昏或气体致昏的方法，使鸡在宰杀、沥血直到死亡处于无意识状态（图1-4-3）。采用水浴电致昏时，应根据鸡品种和规格适当调整水面的高度和电参数，保持良好的电接触。

图1-4-3　致昏

4. 宰杀、沥血　鸡致昏后，应立即宰杀，割断颈动脉和颈静脉，保证有效沥血。沥血时间为3~5min。具体操作可参考如下：用左手抓住鸡头，将鸡颈左侧上翻，右手持刀，向耳垂后下侧进刀时右手轻轻用力，将刀向鸡下腭骨部下划，同时左手用力将颈向左侧转动，切断单侧颈动脉和静脉、食管、气管，不能切断鸡颈骨部神经，不可割下鸡头，进刀完成时用手将鸡头向左侧扭一下（图1-4-4）。

图1-4-4　宰杀、沥血

5. 烫毛　浸烫水温度宜为58~62℃，浸烫时间宜为1~2min。根据季节和鸡品种不同，调整工艺和设备参数（图1-4-5）。

6. 脱毛　出烫池后，宜经过至少两道打毛机进行脱毛（图1-4-6），保证脱毛效果。净毛效果<90%时随时调整打毛机间距或更换打毛胶棒。人工分部位去净残毛、黄皮等。

图1-4-5　烫毛

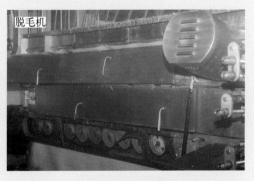

图1-4-6　脱毛

7. 净膛　需要去头、去爪时，可采用手工或机械的方法去除。采用人工或机械方法去嗉囊、切肛、开膛、掏膛。使用开膛机时，调整好开膛机高度及刀片角度，打开开膛机开关，调整好参数，切割从肛部到骨脊处的部分（图1-4-7）。将刀柄进行设计以便于肠管可以远离刨程并预防污染。在每圈转完后清洗刀头。

图1-4-7　净膛

8. 冲洗　利用喷淋设施对鸡胴体内外冲洗干净（图1-4-8）。

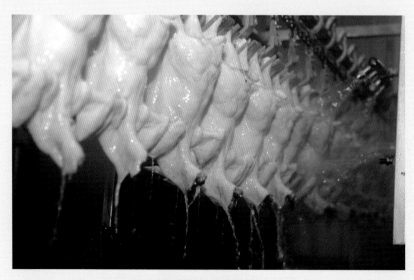

图1-4-8　体表冲洗

9．冷却　冷却过程一般采用旋转式预冷，可增加制冰机等辅助装置，确保出预冷池的鸡胴体中心温度达到4℃以下（图1-4-9）。也可采用风冷方式进行冷却。

图1-4-9　冷却设备

10．分割　按工艺要求，将预冷后的胴体鸡分割和修整。分割车间（图1-4-10）的温度保持在12℃以下。

图1-4-10　分割车间

11．包装　将称量后的产品装入指定的塑料包装袋内。袋外要清晰标注生产日期、包装重量等。装袋后的产品经过真空封口机将袋内的空气抽出，并进行封口（图1-4-11、图1-4-12）。

图1-4-11　包装

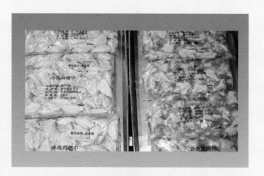

图1-4-12　装袋封口后产品

12．冻结　将需要冻结的产品转入-28℃以下的冻结间（图1-4-13）。冻结时间不宜超过12h，冻结后产品中心温度应不高于-15℃，冻结后转入冷藏库贮存。

13．贮存　贮存库温度应达到-18℃以下，入库产品要放在垫板上，不可与地面直接接触，宜离地15cm以上，离开墙面50cm以上，码垛高度适宜（图1-4-14）。

图1-4-13　冻结间

图1-4-14　贮存产品

二、生产人员卫生及防护要求

1．在流水作业的加工条件下，肉品品质检验员必须按规定检查最能反映病理变化的组织和器官，并遵循一定的方式、方法和程序进行检验，养成良好的工作习惯，以免漏检。

2．生产人员要养成良好个人卫生习惯，勤洗澡、勤理发、勤剪指甲、勤换洗衣服。

3．生产人员要做好个人卫生防护，做好消毒工作，穿戴清洁的工作服、鞋帽、围裙和手套上岗，工作期间不得到处走动。

4．生产人员进车间前消毒 消毒程序：清水冲洗→洗手液搓洗→温水冲洗→0.005%～0.01% NaClO溶液浸泡消毒30s→清水冲洗→干手（图1-4-15至图1-4-24）。

图1-4-15　消毒程序

图1-4-16　清水冲洗

图1-4-17　洗手液搓洗

图1-4-18　毛刷清除指甲污垢

图1-4-19　温水冲洗

图1-4-20　0.005%～0.01% NaClO溶液浸泡消毒30s

图1-4-21　清水冲洗

图1-4-22　干手

图1-4-23　去除工作服纤维

图1-4-24　车间门口消毒池

三、消毒

(一)活鸡入场消毒

厂区活禽车辆出入口消毒池要求:宽度与门同宽,长4m,深0.3m。一般常规消毒液(0.02%～0.03%次氯酸钠)对车轮进行消毒(图1-4-25)。

用50～100mg/kg的含氯消毒剂对车辆及活鸡进行喷雾消毒(图1-4-26)。

图1-4-25　厂区门口车轮消毒

图1-4-26　车辆和活鸡消毒

（二）车间设备器械消毒

车间设备设施用60℃以上的热碱水（热水∶碱=30∶1）刷洗，然后用清水冲洗，再用82℃以上的热水消毒。工具、器材、地面等也需消毒（图1-4-27至图1-4-30）。另外，班后对车间环境按每平米100～200mg臭氧消毒1h。

图1-4-27　清水冲洗，82℃热水消毒

图1-4-28　清水、热水冲洗、消毒剂浸泡池

图1-4-29　工具、器材浸泡消毒

图1-4-30　地面消毒

（三）卸载后车辆笼具消毒

卸载后应进行车辆笼具清洗和消毒，首先进行机械清扫，然后用水冲刷干净；再用50～100mg/kg的含氯消毒剂喷雾或喷洒消毒（图1-4-31、图1-4-32）。

图1-4-31　卸载后运输工具消毒

图1-4-32　卸载后鸡笼消毒

第二章

鸡宰前检验检疫图解

第一节 鸡入场验收过程中的检验检疫

一、查证验物

1. 毛鸡入场（厂）时，运载车辆通过场（厂）门口消毒池（图2-1-1）。

2. 检验检疫人员首先向货主索要《动物检疫合格证明》并查验（图2-1-2至图2-1-4）。

图2-1-1　进场（厂）车辆消毒池

图2-1-2　索要《动物检疫合格证明》

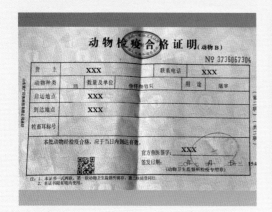

图2-1-3　《动物检疫合格证明》（示例）

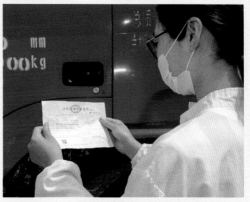

图2-1-4　查验《动物检疫合格证明》

二、询问

询问货主，了解运输途中有关情况，有无异常或死亡，核对鸡的数量（图2-1-5）。

图2-1-5 临车查验

三、临床检查

官方兽医应按照《家禽产地检疫规程》中"临床检查"部分实施检查。其中，个体检查的对象包括群体检查时发现的异常鸡和随机抽取的鸡（每车抽取60~100只）（图2-1-6、图2-1-7）。

图2-1-6 随机抽检（1）

图2-1-7 随机抽检（2）

第二节 鸡待宰期间的检验检疫

厂方应在屠宰前6h申报检疫，填写检疫申报单。官方兽医接到检疫申报后，根据相关情况决定是否予以受理。受理的，应当及时实施宰前检查；不予受理的，应说明理由。

一、群体检查

从静态、动态和食态等方面进行检查。主要检查鸡群精神状况、外貌、呼吸状态、运动状态、饮水饮食及排泄物状态等（图2-2-1）。

图2-2-1 待宰期间群体检查

二、个体检查

通过视诊、触诊、听诊等方法检查鸡的精神状况、体温、呼吸、羽毛、天然孔、冠、髯、爪、粪，并触摸嗉囊内容物性状等（图2-2-2至图2-2-15）。

图2-2-2　鸡冠检查

图2-2-3　肉髯检查

图2-2-4　眼睛检查

图2-2-5　口腔检查

图2-2-6　羽毛检查

图2-2-7　皮肤检查

图2-2-8　脚鳞检查

图2-2-9　鸡爪检查

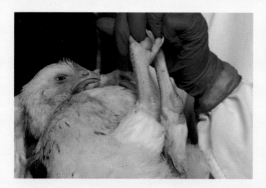

图2-2-10　关节检查

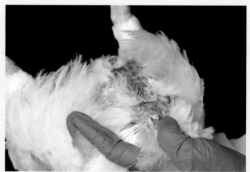

图2-2-11　泄殖腔检查

图2-2-12　触摸嗉囊

图2-2-13　触摸胸肌

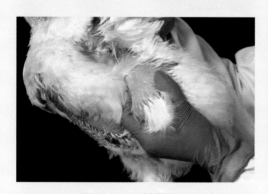

图2-2-14　触摸腿肌

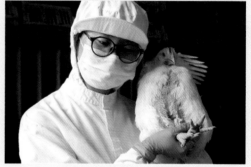

图2-2-15　呼吸检查

三、停食饮水静养休息管理

肉鸡宰前需做好停食饮水静养休息管理（图2-2-16），目的是便于屠宰加工时净膛操作、节省饲料和保证肉品质量等。屠宰加工企业根据屠宰计划，提前通知养殖场做好停食饮水管理。

图2-2-16　待宰休息

四、送宰

为了最大限度地防止病鸡进入屠宰加工车间，在送宰之前需再进行详细的临床检查，检查合格后准予屠宰（图2-2-17、图2-2-18）。

图2-2-17　送宰检查

图2-2-18　签发《准宰通知单》

第三节　鸡宰前检验检疫内容和要点

鸡宰前主要检查7种疫病：高致病性禽流感、新城疫、禽白血病、禽痘、马立克氏病、鸡球虫病、禽结核病。

1．高致病性禽流感　主要症状：鸡出现突然死亡、死亡率高；病禽极度沉郁，头部和眼睑水肿，冠发绀，脚鳞出血和神经紊乱（图2-3-1、图2-3-2），怀疑感染高致病性禽流感。

图2-3-1　眼睛出现泡沫　　　　　　图2-3-2　面部肿胀

2．新城疫　主要症状：出现体温升高，食欲减退，神经症状（图2-3-3）；缩颈闭眼，冠髯暗紫；呼吸困难（图2-3-4）；口腔和鼻腔分泌物增多，嗉囊肿胀；下痢；产蛋减少或停止；少数鸡突然发病，无任何症状而死亡等症状的，怀疑感染新城疫。

图2-3-3　神经症状　　　　　图2-3-4　闭目缩颈、呼吸困难、扭颈

3．禽白血病　主要症状：精神沉郁、虚弱、腹泻、脱水和腹泻（图2-3-5）。有些病鸡还可见到腹部肿大，鸡冠苍白、皱缩或偶见发绀。

图2-3-5　禽白血病（精神沉郁、虚弱、脱水）

4．禽痘　主要症状：出现冠、肉髯和其他无羽毛部位发生大小不等的疣状块，皮肤增生性病变；口腔、食道、喉或气管黏膜出现白色结节或黄色白喉膜病变等症状的，怀疑感染禽痘（图2-3-6至图2-3-8）。

图2-3-6　皮肤型

图2-3-7　黏膜型

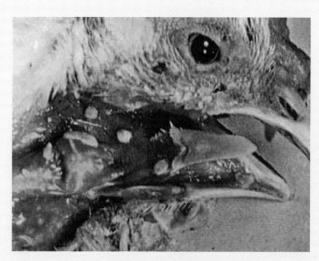

图2-3-8　白喉型

5. 马立克氏病　主要症状：出现食欲减退、消瘦、腹泻、体重迅速减轻，死亡率较高；运动失调，劈叉姿势（图2-3-9）；虹膜褪色，单侧或双眼灰白色混浊所致的白眼病或瞎眼（图2-3-10）；颈、背、翅、腿和尾部形成大小不一的结节及瘤状物等症状的，怀疑感染马立克氏病。

图2-3-9　神经型

图2-3-10　眼型

6. 鸡球虫病　主要症状：出现精神沉郁、羽毛松乱、不喜活动、食欲减退、逐渐消瘦；泄殖腔周围羽毛被稀粪沾污；运动失调、足和翅发生轻瘫；嗉囊内充满液体，可视黏膜苍白；排水样稀粪、棕红色粪便、血便、间歇性下痢；群体均匀度差，产蛋下降等症状的，怀疑感染球虫病（图2-3-11、图2-3-12）。

图2-3-11 球虫病（1）

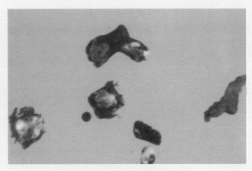

图2-3-12 球虫病（2）

7．禽结核病　主要症状：精神沉郁、渐进性消瘦、羽毛蓬乱、冠髯贫血苍白（图2-3-13）。

图2-3-13 禽结核病（消瘦）

第三章

鸡宰后检验检疫图解

鸡宰后检验检疫流程（图3-0-1）：

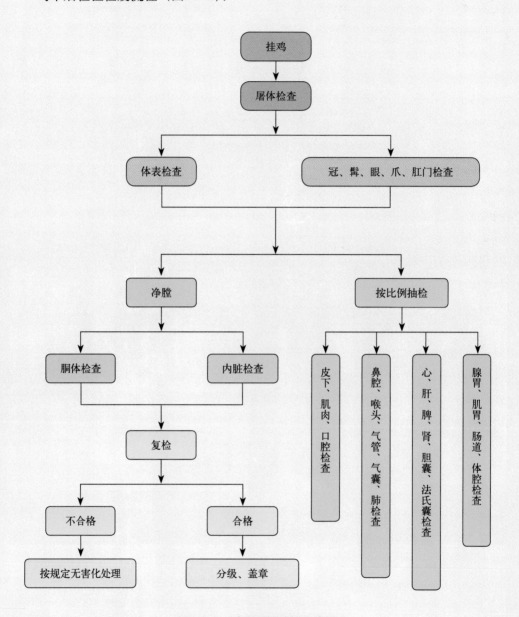

图3-0-1 鸡宰后检验检疫流程

宰后检验检疫主要包括：屠体检查、胴体检查、内脏检查、抽检、实验室检验、复验与盖章、检验检疫后产品的处理。其中，实验室检验和检验检疫后产品的处理，将在相关章节中论述。

第一节　屠体、胴体、内脏检验检疫

一、屠体检查

（一）体表检查

检查色泽、气味、光洁度、完整性及有无水肿、痘疮、化脓、外伤、溃疡、坏死灶、肿物等（图3-1-1至图3-1-5）。

图3-1-1　体表检查

图3-1-2　体表检查（示例）

图3-1-3　体表检查（毛根）（示例）

图3-1-4　体表检查（出血斑）（示例）　　　图3-1-5　体表检查（翅底部出血）（示例）

（二）冠和髯检查

检查有无出血、水肿、结痂、溃疡及形态有无异常等（图3-1-6、图3-1-7）。

图3-1-6　鸡冠检查（示例）　　　　　　图3-1-7　肉髯检查（示例）

（三）眼部检查

检查眼睑有无出血、水肿、结痂，眼球是否下陷等（图3-1-8）。

图3-1-8　眼部检查（示例）

（四）爪部检查

检查有无出血、淤血、增生、肿物、溃疡及结痂等（图3-1-9至图3-1-13）。

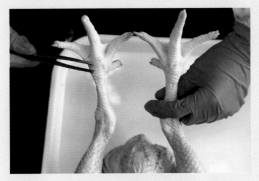

图3-1-9　爪部检查（示例）

图3-1-10　检查爪部皮肤有无出血、淤血（示例）

图3-1-11　关节肿胀

图3-1-12　关节内黄色渗出物

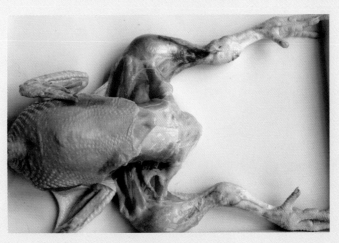

图3-1-13　关节内出血

（五）肛门检查

检查有无紧缩、淤血、出血等（图3-1-14）。

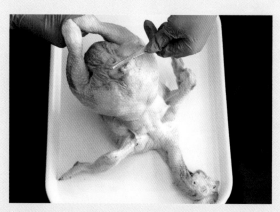

图3-1-14　肛门检查（示例）

二、胴体检查

1. **判断放血程度**　煺毛后视检皮肤的色泽和皮下血管的充盈程度，以判断胴体放血程度是否良好。放血良好的胴体，皮肤为黄色或淡黄色，有光泽，看不清皮下血管，肌肉切面颜色均匀，切断面无血液渗出（图3-1-15）。放血不良的胴体，皮肤暗红色或红紫色，常见表层血管充盈，皮下血管显露，胴体切断口有血液流出，肌肉颜色不均匀（图3-1-16）。放血不良的胴体应及时剔出，并查明原因。

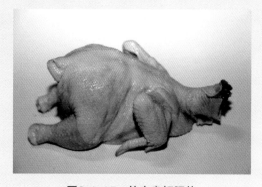

图3-1-15　放血良好胴体

图3-1-16　放血不良胴体

2. **检查体表和体腔**

（1）**体表检查**　首先观察皮肤的色泽，色泽异常者可能是病鸡或放血不良的鸡体，同时注意皮肤上有无结节、结痂、疤痕（鸡痘、马立克氏病）；其次，观察胴体有无外伤、水肿、化脓及关节肿大（图3-1-17）。

图3-1-17　检查胴体体表

（2）体腔检查　对于全净膛的胴体，必须检查体腔内部有无赘生物、寄生虫及传染病的病变，还应检查是否有粪污和胆汁污染；对于半净膛的胴体，可由特制的扩张器由肛门插入腹腔内，张开后用手电筒或窥探灯照明，检查体腔和内脏有无病变和肿瘤（图3-1-18）。发现异常者，应剖开检查。

图3-1-18　体腔检查

三、内脏检查

对于全净膛加工的鸡，取出内脏后应全面仔细进行检查。半净膛者只能检查拉出的肠管。不净膛者一般不检查内脏。但在体表检查怀疑为病鸡时，可单独放置，最后剖开胸、腹腔，仔细检查体腔和内脏（图3-1-19、图3-1-20）。

图3-1-19　内脏检查

图3-1-20　内脏检查

1. 肝脏　观察其色泽、形态和大小，是否肿大，软硬程度有无异常，有无黄白色斑纹和结节（鸡马立克氏病、禽白血病、禽结核病），有无坏死斑点（禽霍乱），胆囊有无变化（图3-1-21）。

2. 脾脏　观察是否有出血、充血、肿大、变色，有无灰白色或灰黄色结节等（图3-1-22）。

图3-1-21　肝脏淤血

图3-1-22　脾脏检查

正常脾脏（左）；肿大的脾脏（右）

3．心脏　注意心包膜是否粗糙，心包腔是否有积液，心脏是否有出血、形态变化及赘生物等（图3-1-23）。

4．胃　剖检肌胃，剥去角质层（鸡内金），观察有无出血、溃疡；剪开腺胃，轻轻刮去腺胃内容物，观察腺胃黏膜乳头是否肿大，有无出血和溃疡（鸡新城疫、禽流感）（图3-1-24）。

图3-1-23　心脏检查
心包炎心脏（左）；正常心脏（中、右）

图3-1-24　腺胃、肌胃出血

5．肠道　视检整个肠管浆膜及肠系膜有无充血、出血、结节，特别注意小肠和盲肠，必要时剪开肠管检查肠黏膜（图3-1-25）。

图3-1-25　肠鼓气

6．卵巢　观察卵巢是否完整，有无变形、变色、变硬等异常现象（卵黄性腹膜炎）。

第二节　鸡宰后检验检疫抽检

日屠宰量在1万只以上（含1万只）的，按照1%的比例抽样检查，日屠宰量在1万只以下的，抽检60只，抽检发现异常情况的，应适当扩大抽检比例和数量。

（一）皮下检查

重点检查有无出血点、炎性渗出物等（图3-2-1至图3-2-3）。

图3-2-1　皮下检查（示例）　　　　　图3-2-2　胸部滑液囊囊肿

图3-2-3　颈部皮下肿瘤

（二）肌肉检查

重点检查颜色是否正常，有无出血、淤血、结节等（图3-2-4、图3-2-5）。

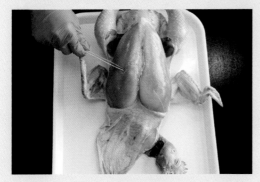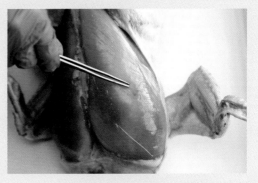

图3-2-4　肌肉检查（示例）　　　　　　　　　　　　　图3-2-5　肌肉出血

（三）鼻腔检查

重点检查有无淤血、肿胀和异常分泌物等（图3-2-6）。

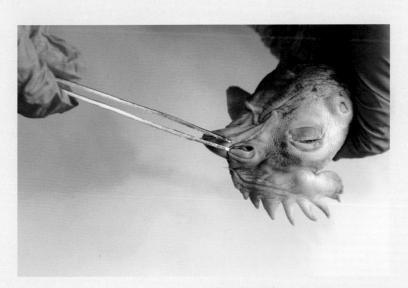

图3-2-6　鼻腔检查（示例）

（四）口腔检查

重点检查有无淤血、出血、溃疡及炎性渗出物等（图3-2-7）。

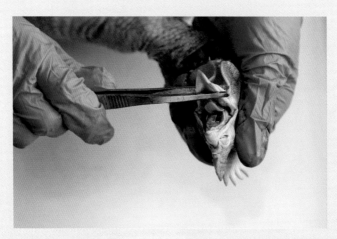

图3-2-7　口腔检查（示例）

（五）喉头和气管检查

重点检查有无水肿、淤血、出血、糜烂、溃疡和异常分泌物等（图3-2-8至图3-2-13）。

图3-2-8　喉头和气管检查（示例）

图3-2-9　气管检查（示例）

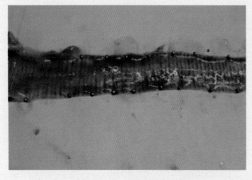

图3-2-10　气管环出血、有血凝块

图3-2-11　气管肿瘤（1）

图3-2-12　气管肿瘤（2）

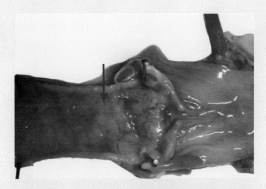
图3-2-13　喉头、气管上半部痘疹、黄白色假膜

（六）气囊检查

重点检查气囊壁有无增厚、浑浊、纤维素性渗出物、结节等（图3-2-14至图3-2-16）。

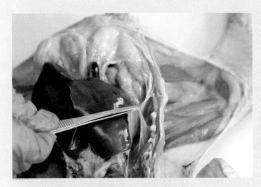
图3-2-14　腹气囊

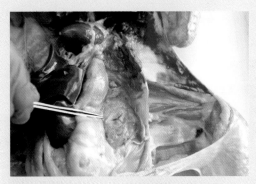
图3-2-15　气囊纤维素渗出物

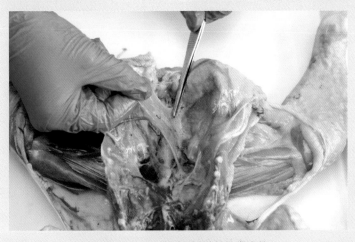
图3-2-16　腹气囊黄白色渗出物

（七）肺脏检查

重点检查有无颜色异常、结节等（图3-2-17至图3-2-20）。

图3-2-17　肺脏检查（示例）

图3-2-18　肺脏出血

图3-2-19　肺脏出血、水肿

图3-2-20　肺脏气肿、出血

（八）肾脏检查

重点检查有无肿大、出血、苍白、尿酸盐沉积、结节等（图3-2-21至图3-2-23）。

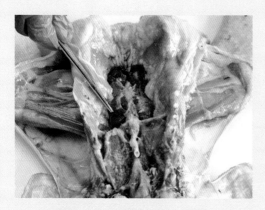

图3-2-21　肾脏检查（示例）

图3-2-22　肾脏出血

图3-2-23　肾脏肿大、出血

（九）腺胃和肌胃检查（示例）

重点检查浆膜面有无异常。剖开腺胃，检查腺胃黏膜和乳头有无肿大、淤血、出血、坏死灶和溃疡等；切开肌胃，剥离角质膜，检查肌层内表面有无出血、溃疡等（图3-2-24至图3-2-30）。

图3-2-24　正常食道、嗉囊、腺胃、肌胃

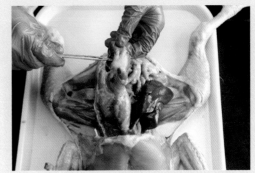

图3-2-25　肌胃检查（示例）

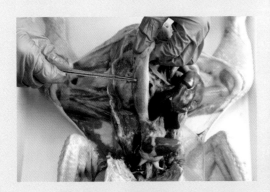

图3-2-26　腺胃检查（示例）

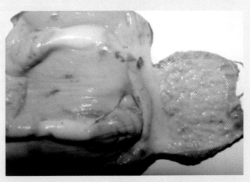

图3-2-27　腺胃、肌胃出血

图3-2-28 肌胃出血

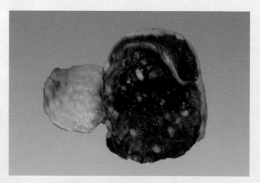

图3-2-29 腺胃、肌胃变化

图3-2-30 腺胃肿大、肿瘤

（十）肠道检查

重点检查浆膜有无异常。剖开肠道，检查小肠黏膜有无淤血、出血等，检查盲肠黏膜有无枣核状坏死灶、溃疡等（图3-2-31至图3-2-40）。

图3-2-31 十二指肠和胰脏检查（示例）

图3-2-32 肠浆膜纤维素渗出、肠粘连

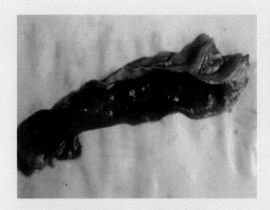

图3-2-33　十二指肠出血

图3-2-34　小肠浆膜枣核状出血

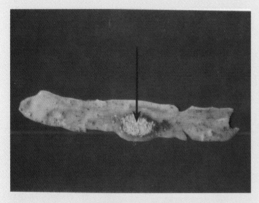

图3-2-35　小肠黏膜出血、溃疡，形成岛屿状
　　　　　坏死溃疡灶

图3-2-36　小肠黏膜出血、溃疡

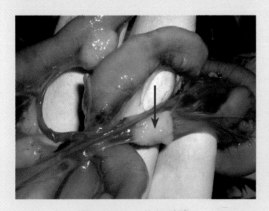

图3-2-37　小肠肿瘤

图3-2-38　肠黏膜白色结节

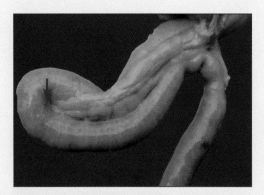

图3-2-39 肠壁出血斑

图3-2-40 肠壁增厚、贫血、肿瘤

（十一）肝脏和胆囊检查

重点检查肝脏形状、大小、色泽及有无出血、坏死灶、结节、肿物等。检查胆囊有无肿大等（图3-2-41至图3-2-49）。

图3-2-41 正常肝脏、胆囊

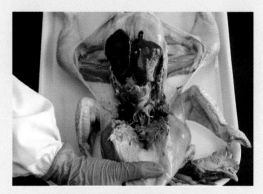

图3-2-42 肝脏检查（示例）

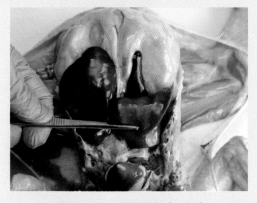

图3-2-43 胆囊检查（示例）

图3-2-44 肝脏灰白色坏死性结节

图3-2-45　肝脏肿大、结节

图3-2-46　肝脏肿大、出血（1）

图3-2-47　肝脏肿大、出血（2）

图3-2-48　肝肿大、坏死、出血

图3-2-49　肝肿瘤

（十二）脾脏检查

重点检查脾脏形状、大小、色泽及有无出血和坏死灶、灰白色或灰黄色结节等（图3-2-50、图3-2-51）。

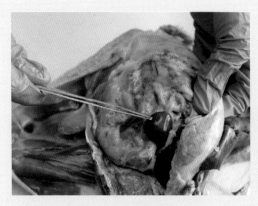

图3-2-50　脾脏肿大、出血

图3-2-51　脾脏肿大、肿瘤

（十三）心脏检查

重点检查心包和心外膜有无炎症变化等，心冠状沟脂肪、心外膜有无出血点、坏死灶、结节等（图3-2-52至图3-2-60）。

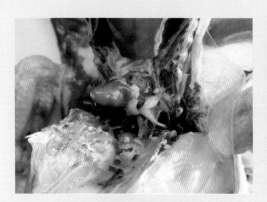

图3-2-52　心脏检查（示例）

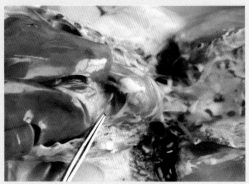

图3-2-53　心包积液

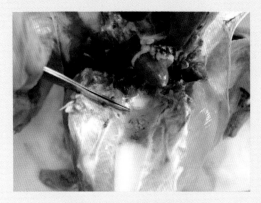

图3-2-54　胸骨内膜出血

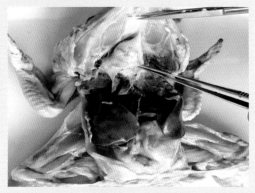

图3-2-55　心包炎

图3-2-56　心包粘连

图3-2-57　心脏表面肿瘤

图3-2-58　心肌肿瘤

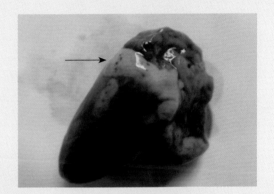

图3-2-59　心脏冠状脂肪出血

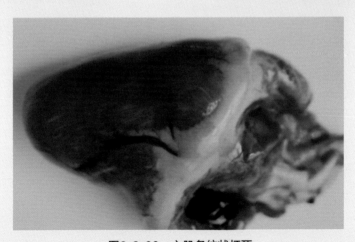

图3-2-60　心肌条纹状坏死

（十四）法氏囊检查

重点检查法氏囊有无出血、肿大等。剖检有无出血、干酪样坏死等（图3-2-61、图3-2-62）。

图3-2-61　正常法氏囊

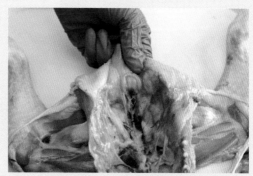

图3-2-62　法氏囊检查（示例）

（十五）体腔检查

重点检查体腔内部清洁程度和完整度，有无赘生物、寄生虫等。检查体腔内壁有无凝血块、粪便和胆汁污染及其他异常等（图3-2-63）。

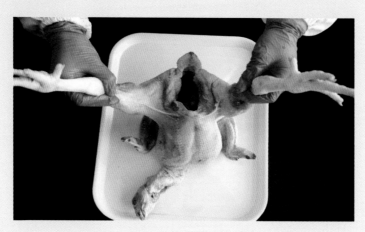

图3-2-63　体腔检查（示例）

第三节　复验

检验检疫人员对上述检验检疫情况进行复查，综合判断检验检疫结果（图3-3-1）。

（1）检查是否有放血不全现象。

（2）检查胴体形状、颜色、气味是否正常。

（3）检查皮肤、脂肪、肌肉和骨骼有无病变、异常。

（4）检查体表、体腔是否有血污、脓污、胆汁、粪便、毛及其他污物未处理。

图3-3-1　复检

第四章

实验室检验图解

实验室检验是保障屠宰环节肉品质量安全的重要环节,是继宰前、宰后检疫检验之后控制肉品质量的最后一道关口。通过实验室检验可与宰前、宰后检疫检验形成有效的补充,将疫病、掺杂使假、微生物、兽药残留和重金属污染等诸多影响着我国肉类质量安全的风险防范到最低,保证上市肉类的质量安全。

《食品安全国家标准　鲜(冻)畜、禽产品》(GB 2707—2016)规定了产品的感官、挥发性盐基氮、污染物和兽药残留等指标要求。

第一节　采样方法

一、理化检验的采样方法

按照《肉与肉制品　取样方法》(GB/T 9695.19—2008)的规定进行。

1. 鲜肉的取样　从3~5片胴体或同规格的分割肉上取若干小块混为一份样品(图4-1-1)。

2. 冻肉的取样　成堆产品:在堆放空间的四角和中间设采样点,每点从上、中、下三层取若干小块混为一份样品。包装冻肉:随机取3~5包混合(图4-1-2)。

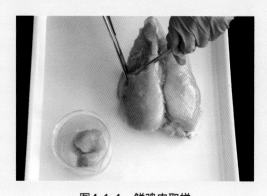

图4-1-1　鲜鸡肉取样

图4-1-2　冻肉取样

3. 成品库的抽样　按GB/T 17238—2008的规定,从成品库中码放产品的不同部位,按表4-1-1规定的数量抽样。从全部抽样数量中抽取2kg试样用于检验(图4-1-3)。

表4-1-1　抽样数量及判定规则

批量范围（箱）	样本数量（箱）	合格判定数 Ac	不合格判定数 Re
<1 200	5	0	1
1 200～2 500	8	1	2
>2 500	13	2	3

图4-1-3　成品肉取样

二、微生物检验的采样方法

按照GB 4789.1—2016《食品安全国家标准　食品微生物学检验　总则》的规定进行样品采集。

1．采样方案　采用方案分为二级和三级采样方案。二级采样方案设有n、c和m值，三级方案设有n、c、m和M值。

n：同一批次产品应采集的样品件数；

c：最大可允许超出m值的样品数；

m：微生物指标可接受水平的限量值（三级采样方案）或最高安全限量值（二级采样方案）；

M：微生物指标的最高安全限量值。

2．采样原则　样品的采集应遵循随机性、代表性的原则。采样过程应遵循无菌操作程序，防止一切可能的外来污染。

第二节 肉品感官检验及挥发性盐基氮的测定

一、肉品感官检验

鲜（冻）鸡肉的感官检验及卫生评价参照《食品安全国家标准 鲜（冻）畜、禽产品（GB2707—2016）》规定进行。肉品感官要求见表4-2-1。感官评定室参见图4-2-1、图4-2-2。

表4-2-1 感官要求

项目	要求	检验方法
色泽	具有产品应有的色泽	
气味	具有产品应有的气味，无异味	取适量试样置于洁净的白色盘（瓷盘或同类容器）中，在自然光下观察色泽和状态，闻其气味
状态	具有产品应有的状态，无正常视力可见外来异物	

图4-2-1 感官评定室（1）

图4-2-2 感官评定室（2）

感官评定室：温度恒定21℃左右，湿度65%，空气流通洁净。光照度为200～400lx，自然光和人工照明结合，白色光线垂直不闪烁。

感官性状检验：冻鸡产品解冻后检验。

（1）色泽检验　如图4-2-3所示。

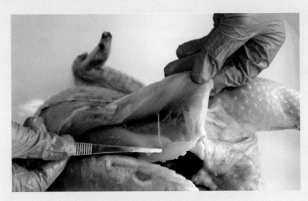

图4-2-3　检验色泽

（2）气味检验　如图4-2-4所示。

图4-2-4　检验气味

（3）状态检验　如图4-2-5至图4-2-10所示。

图4-2-5　检查异物

图4-2-6　检查弹性

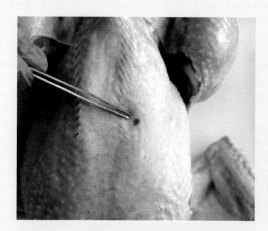

图4-2-7　检查淤血

图4-2-8　检查硬杆毛

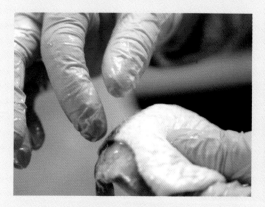

图4-2-9　检查细毛

图4-2-10　检查黄衣

二、挥发性盐基氮的测定

挥发性盐基氮是动物性食品由于酶和细菌的作用，在腐败过程中，使蛋白质分解而产生氨以及胺类等碱性含氮物质。挥发性盐基氮具有挥发性，在碱性溶液中蒸出，利用硼酸溶液吸收后，用标准酸溶液滴定计算挥发性盐基氮含量。测定挥发性盐基氮是衡量肉品新鲜度的重要指标之一。

测定方法参照《食品安全国家标准　食品中挥发性盐基氮的测定》（GB 5009.228—2016）。测定方法包括半微量定氮法、自动凯氏定氮仪法、微量扩散法等。以半微量定氮法为例进行说明，检验程序见图4-2-11。

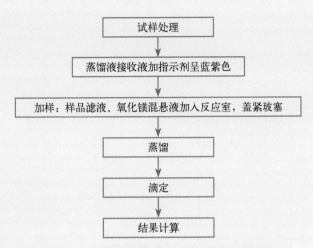

图4-2-11　半微量定氮法测定挥发性盐基氮的程序

1．测定步骤

（1）试样处理　如图4-2-12、图4-2-13所示。

图4-2-12　称取肉样

图4-2-13　浸渍30min后过滤肉浸液

（2）测定　如图4-2-14至图4-2-18所示。

图4-2-14　硼酸吸收液加指示剂呈蓝紫色

图4-2-15　冷凝管下端插入吸收液面下，准确加样入反应室

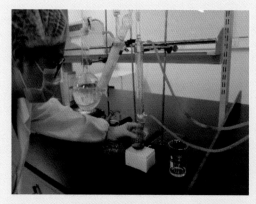

图4-2-16　夹紧螺旋夹，蒸馏5 min，接收液面离开冷凝管再蒸馏1 min

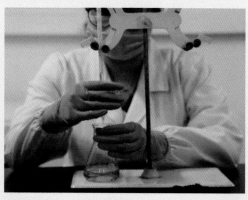

图4-2-17　以盐酸或硫酸标准滴定溶液滴定，滴定起始颜色为深浅不同的绿色

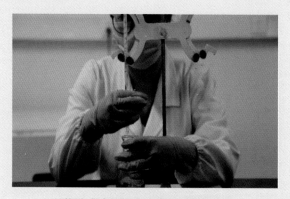

图4-2-18　以盐酸或硫酸标准滴定溶液滴定至终点（蓝紫色）

（3）计算　试样中挥发性盐基氮的含量：

$$X = \frac{(V_1 - V_2) \times c \times 14}{m} \times 100$$

式中：X——挥发性盐基氮含量（mg/100g）；

　　　V_1——试样消耗盐酸溶液体积（mL）；

　　　V_2——空白实验消耗盐酸溶液体积（mL）；

　　　c——盐酸溶液浓度（mol/L）；

　　　m——肉样质量（g）；

　　　14——1mL盐酸标准溶液（1mol/L）相当于含氮的毫克数（mg）。

GB 2707—2016规定鸡肉挥发性盐基氮≤15mg/100g。

2．注意事项

（1）装置使用前应做清洗和密封性检查。

（2）混合指示剂必须在临用时混合，随用随配。

（3）蒸馏反应过程中，冷凝管下端必须没入接收液面下，否则可能造成测定结果误差。

（4）实验结果以重复性条件下获得的两次独立测定结果的算术平均值表示，绝对差值不得超过算术平均值的10%。

第三节　肉品中细菌总数和大肠菌群数的测定

分别按照《食品安全国家标准　食品微生物学检验　菌落总数测定》（GB 4789.2—2016）和《食品安全国家标准　食品微生物学检验　大肠菌群计数》（GB 4789.3—2016）规定的方法进行。微生物指标应符合表4-3-1规定。

表4-3-1　微生物指标

项目	指标	
	鲜禽产品	冻禽产品
菌落总数（CFU/g）≤	1×10^6	5×10^5
大肠菌群（MPN/100g）≤	1×10^4	5×10^3

一、菌落总数的测定

菌落总数是指食品检样经过处理，在一定条件下培养后，所得每克（毫升）检样中形成的微生物菌落总数。菌落总数主要作为判断食品被污染程度的指标。检验程序见图4-3-1。

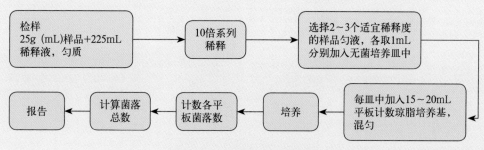

图4-3-1　菌落总数检验程序

1. 测定步骤

(1) 样品处理　如图4-3-2、图4-3-3所示。

图4-3-2　样品装入匀质袋

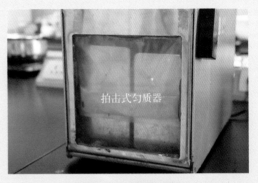

图4-3-3　样品匀质

(2) 10倍系列稀释　如图4-3-4至图4-3-7所示。

图4-3-4　吸取1 : 10样品匀液1mL

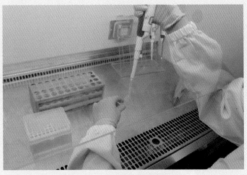

图4-3-5　10倍系列稀释

图4-3-6　样品稀释匀液加入平皿

图4-3-7　琼脂培养基（PCA）倾注平皿

（3）培养　如图4-3-8所示。

图4-3-8　培养

（4）菌落计数　如图4-3-9至图4-3-13所示。

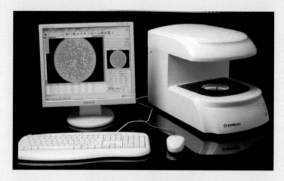

图4-3-9　菌落计数器

肉眼观察，必要时用放大镜或菌落计数器，记录稀释倍数和相应的菌落数量。菌落计数以菌落形成单位（CFU）表示

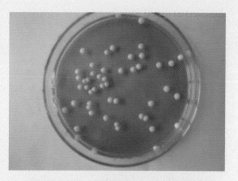

图4-3-10　菌落数30～300CFU

选取菌落数在30～300CFU之间、无蔓延菌落生长的平板计数菌落总数。低于30CFU记录具体菌落数，大于300CFU可记录为多不可计。每个稀释度的菌落数采用两个平板的平均数

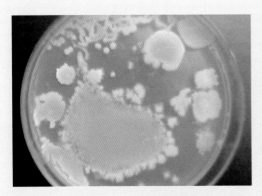

图4-3-11　较大片状菌落

其中一个平板有较大片状菌落生长时，不宜采用，应
以无片状菌落生长的平板作为该稀释度的菌落数

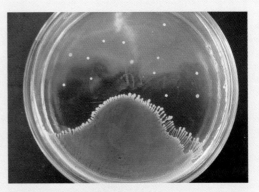

**图4-3-12　片状菌落不到平板的一半，而其余
一半中菌落分布很均匀**

片状菌落不到平板的一半，而其余一半中菌落分布又很
均匀，即可计算半个平板乘以2，代表一个平板菌落数

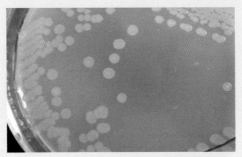

图4-3-13　菌落间无明显界线的链状生长

平板上出现菌落间无明显界线的链状生长时，每条单链作为一个菌落计数

（5）计算菌落总数

①若只有一个稀释度平板上的菌落数在适宜计数范围内，计算两个平板菌落数
的平均值，再将平均值乘以相应稀释倍数，作为每克（毫升）样品中菌落总数结果
（表4-3-2）。

表4-3-2　菌落总数计算（一）

例次	稀释液及菌落数			菌落总数 （CFU/g 或 mL）	报告方式 （CFU/g 或 mL）
	10^{-1}	10^{-2}	10^{-3}		
1	多不可计	164	20	16 400	16 000或1.6×10^4

②若有两个连续稀释度的平板菌落数在适宜计数范围内时，按下式计算：

$$N = \frac{\sum C}{(n_1 + 0.1 n_2)\, d}$$

式中：$\sum C$ ——平板（含适宜范围菌落数的平板）菌落数之和；

     n_1 ——第一稀释度（低稀释倍数）平板个数；

     n_2 ——第二稀释度（高稀释倍数）平板个数；

     d ——稀释因子（第一稀释度）。

③若所有稀释度的平板上菌落数均大于300CFU，则对稀释度最高的平板进行计数，其他平板记录为多不可计，结果按平均菌落数乘以最高稀释倍数计算（表4-3-3）。

表4-3-3 菌落总数计算（二）

例次	稀释液及菌落数			菌落总数（CFU/g 或 mL）	报告方式（CFU/g 或 mL）
	10^{-1}	10^{-2}	10^{-3}		
2	多不可计	多不可计	313	313 000	313 000或3.1×10^5

④若所有稀释度的平板菌落数均小于30CFU，则应按稀释度最低的平均菌落数乘以稀释倍数计算（表4-3-4）。

表4-3-4 菌落总数计算（三）

例次	稀释液及菌落数			菌落总数（CFU/g 或 mL）	报告方式（CFU/g 或 mL）
	10^{-1}	10^{-2}	10^{-3}		
3	27	11	5	270	270或2.7×10^2

⑤若所有稀释度平板均无菌落生长，则以小于1乘以最低稀释倍数计算（表4-3-5）。

表4-3-5 菌落总数计算（四）

例次	稀释液及菌落数			菌落总数（CFU/g 或 mL）	报告方式（CFU/g 或 mL）
	10^{-1}	10^{-2}	10^{-3}		
4	0	0	0	1×10	<10

⑥若所有稀释度的平板菌落数均不在30～300CFU范围内，以最接近30CFU或300CFU的平均菌落数计算（表4-3-6）。

表4-3-6 菌落总数计算（五）

例次	稀释液及菌落数			菌落总数（CFU/g 或 mL）	报告方式（CFU/g 或 mL）
	10^{-1}	10^{-2}	10^{-3}		
5	多不可计	305	12	30 500	31 000或3.1×10^4

（6）菌落计数的报告　若所有平板上为蔓延菌落而无法计数，则报告菌落蔓延。若空白对照上有菌落生长，则此次检测结果无效。

2．注意事项　必须同时做空白稀释液对照，若空白对照上有菌落生长，此次检测结果无效。

二、大肠菌群数的测定

GB 4789.3—2016中规定的大肠菌群计数方法有MPN法和平板计数法两种方法，可根据检测的需要选择采用。

（一）大肠菌群MPN计数法

适用于大肠菌群含量较低的食品中大肠菌群的计数，检验程序如图4-3-14所示。

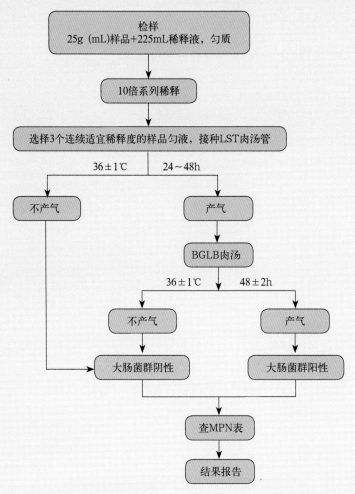

图4-3-14　大肠菌群MPN计数法检验程序

1．测定步骤

（1）样品处理与10倍系列稀释　均与细菌总数测定时相同。

（2）初发酵试验　如图4-3-15至图4-3-17所示。

图4-3-15　接种月桂基硫酸盐胰蛋白胨（LST）肉汤

图4-3-16　培养

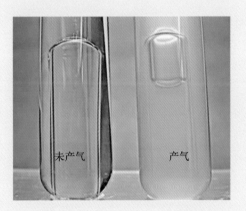

图4-3-17　初发酵试验结果

（3）复发酵试验（证实试验）　如图4-3-18至图4-3-21所示。

图4-3-18　取培养物一环

图4-3-19　移种于煌绿乳糖胆盐肉汤（BGLB）管中

阴性　　阳性（不产气）　阳性（产气）

图4-3-20　培养　　　　　　　　　　图4-3-21　产气情况

2. 大肠菌群最可能数（MPN）的报告

按确证的大肠菌群BGLB阳性管数，检索MPN表（GB 4789.3—2016），报告每克样品中大肠菌群的MPN值。

（二）大肠菌群平板计数法

适用于大肠菌群含量较高的食品中大肠菌群的计数，检验程序见图4-3-22。

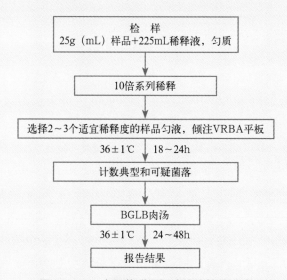

图4-3-22　大肠菌群平板计数法检验程序

1．测定步骤

（1）样品处理　同前。

（2）平板计数　如图4-3-23、图4-3-24所示。

图4-3-23　倾注VRBA平板

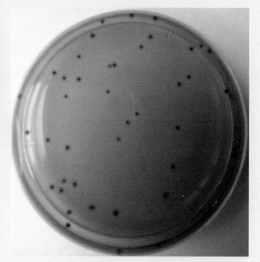

图4-3-24　典型菌落

紫红色，菌落周围有红色的胆盐沉淀环

（3）平板菌落数的选择　选取菌落数在15～150CFU之间的平板（图4-3-24），分别计数平板上出现的典型和可疑大肠菌群菌落（如菌落直径较典型菌落小）。

（4）证实试验　从VRBA平板上挑取10个不同类型的典型和可疑菌落，分别移种于BGLB肉汤管内。凡BGLB肉汤管产气，即可报告为大肠菌群阳性。

（5）结果报告　经证实为阳性的试管比例乘以上述计数的平板菌落数，再乘以稀释倍数，即为每克（毫升）样品中大肠菌群数。

2．注意事项

（1）样品匀液pH应在6.5～7.5之间。从制备样品匀液至样品接种完毕，全过程不得超过15min。

（2）最低稀释度平板低于15CFU 的记录具体菌落数。

第四节 肉品中兽药残留检验

兽药残留检测常用方法有高效液相色谱法（HPLC）、液相色谱-串联质谱法（LC-MS/MS）和气相色谱-串联质谱法（GC-MS）。以液相色谱-串联质谱法测定氯霉素、氟苯尼考及其代谢物在鸡肉中的残留量为例进行说明。检验程序见图4-4-1。

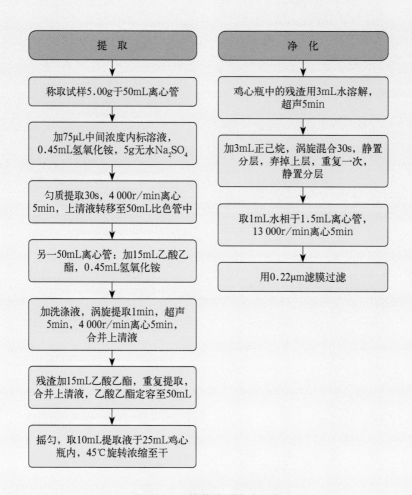

提 取

净 化

称取试样5.00g于50mL离心管

鸡心瓶中的残渣用3mL水溶解，超声5min

加75μL中间浓度内标溶液，0.45mL氢氧化铵，5g无水Na₂SO₄

加3mL正己烷，涡旋混合30s，静置分层，弃掉上层，重复一次，静置分层

匀质提取30s，4 000r/min离心5min，上清液转移至50mL比色管中

取1mL水相于1.5mL离心管，13 000r/min离心5min

另一50mL离心管：加15mL乙酸乙酯，0.45mL氢氧化铵

用0.22μm滤膜过滤

加洗涤液，涡旋提取1min，超声5min，4 000r/min离心5min，合并上清液

残渣加15mL乙酸乙酯，重复提取，合并上清液，乙酸乙酯定容至50mL

摇匀，取10mL提取液于25mL鸡心瓶内，45℃旋转浓缩至干

图4-4-1　兽药残留检验程序

1．装色谱柱　如图4-4-2所示。

图4-4-2　装色谱柱

2．加样　如图4-4-3所示。

图4-4-3　加样

3．参数设定　如图4-4-4所示。

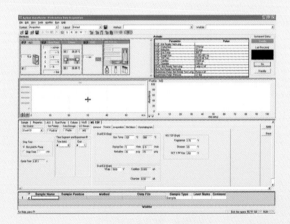

图4-4-4　参数设定

4．进样　如图4-4-5所示。

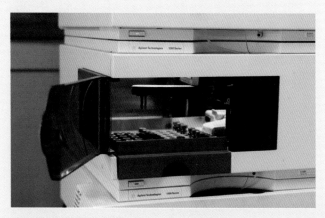

图4-4-5　进样

5．定性测定　如图4-4-6所示。

6．绘制标准工作曲线，定量测定　如图4-4-7所示。

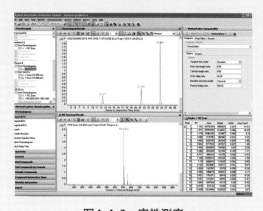

图4-4-6　定性测定

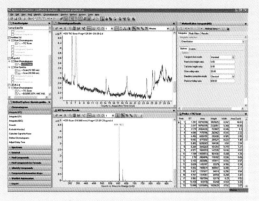

图4-4-7　定量测定

7．平行试验、空白试验

8．结果计算（结果扣除空白值）

$$X = c_s \times \frac{A}{A_s} \times \frac{c_i}{c_{si}} \times \frac{A_{si}}{A_i} \times \frac{V}{m} \times \frac{1\,000}{1\,000}$$

式中：X——试样中被测物残留量，（μg/kg）；

c_s——基质标准工作溶液中被测物的浓度（ng/mL）；

A ——试样溶液中被测物的色谱峰面积；

A_s ——基质标准工作溶液中被测物的色谱峰面积；

c_i ——试样溶液中内标物的浓度（ng/mL）；

c_{si} ——基质标准工作溶液中内标物的浓度（ng/mL）；

A_{si} ——基质标准工作溶液中内标物的色谱峰面积；

A_i ——试样溶液中内标物的色谱峰面积；

V ——样液最终定容体积（mL）；

m ——试样溶液所代表试样的质量（g）。

注：计算结果应扣除空白值。

第五节　肉品中水分测定

一、直接干燥法

测定程序如图4-5-1所示。

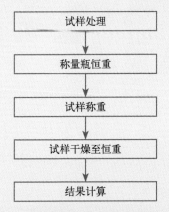

图4-5-1　直接干燥法测定鸡肉中水分的程序

1. 测定步骤

（1）试样处理　剔除肉样中脂肪、筋、腱等组织（冻肉自然解冻），尽可能剪碎，颗粒试样要求小于2mm，密闭容器保存待检。

（2）称量瓶恒重

（3）试样称重　试样厚度不超过5mm，如为疏松试样，厚度不超过10mm。如图4-5-2、图4-5-3所示。

图4-5-2　称量瓶干燥至恒重，称重

图4-5-3　试样称重并编号记录

（4）试样干燥　如图4-5-4至图4-5-7所示。

图4-5-4　置于干燥箱105℃加热2~4h后，再在干燥器内冷却0.5 h

图4-5-5　试样干燥至恒重，称重并记录

图4-5-6　干燥的试样

图4-5-7　记录结果

计算公式：

$$X = \frac{m_1 - m_2}{m_1 - m_3} \times 100$$

式中：X ——试样中水分的含量（g/100g）；

　　　m_1 ——称量瓶和试样的质量（g）；

　　　m_2 ——称量瓶和试样干燥后的质量（g）；

　　　m_3 ——称量瓶的质量（g）；

　　　100 ——单位换算系数。

2．注意事项

（1）在最后计算中，两次恒重值取质量较小的一次称量值。

（2）水分含量计算结果保留三位有效数字；在重复性条件下获得的两次独立测定结果的绝对差值不得超过算术平均值的10%。

二、蒸馏法

测定程序如图4-5-8所示。

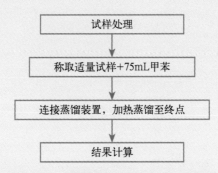

图4-5-8　蒸馏法测定鸡肉中水分的程序

1．测定步骤

（1）试样处理　同"直接干燥法"。

（2）称量试样及蒸馏　接收管水平面保持10 min不变为蒸馏终点，读取接收管水层的容积。如图4-5-9至图4-5-11所示。

图4-5-9　称取适量试样，加入75mL甲苯

图4-5-10　加热蒸馏

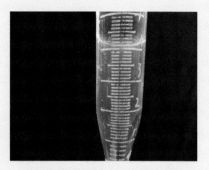
图4-5-11　蒸馏水分体积读数

（3）结果计算　试样中水分的含量，按以下公式计算：

$$X = \frac{V - V_0}{m} \times 100$$

式中：X ——试样中水分的含量（mL/100g）；

V ——接收管内水的体积（mL）；

V_0 ——做试剂空白时，接收管内水的体积（mL）；

m ——试样的质量（g）；

100——单位换算系数。

2．注意事项

（1）必须同时做甲苯（或二甲苯）的试剂空白。

（2）蒸馏应先慢后快至蒸馏终点。

（3）以重复性条件下获得的两次独立测定结果的算术平均值表示，结果保留三位有效数字。绝对差值不得超过算术平均值的10%。

第五章

鸡检验检疫记录及结果处理图解

第一节　检验检疫记录

一、宰前检验检疫记录

应做好入场监督查验、检疫申报、宰前检查等环节记录（图5-1-1至图5-1-4）。

图5-1-1　屠宰检疫工作情况日记录表和屠宰厂（场）监管记录

图5-1-2　检疫申报单

图5-1-3　检疫申报

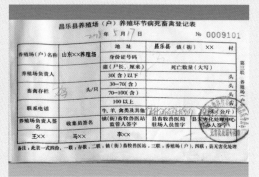

图5-1-4　养殖环节病死畜禽登记表（示例）

二、宰后检验检疫记录

检验检疫人员应做好各环节记录（图5-1-5至图5-1-7）。

体表检查表

检查日期：　　　　　　　　　　　　　　　　　　　　　　　　　　　　编号：

检查时间	病变					骨折	其他					纠偏措施	复检	备注
	皮炎	坏死	结节	结痂	鸡痘	翅	硬杆毛残留率	瘦弱	胸囊肿	放血不良	抓垫			

备注：1.逐只检查脱毛的鸡只，将检查有病变的鸡只抽畜生产线，将不合格只数记录在表中；2.翅的骨折率≤3%，鸡毛残留率≤2%；检查频率为1次/小时。

检查人：　　　　　　　　　　　　审核：

图5-1-5　体表检查表（示例）

内脏检查表

检查日期：　　　　　　　　　　　　　　　　　　　　　　　　　　　　编号：

检查时间	心	肝	肺	肠	肠系膜	胃	性腺	法氏囊	嗉囊容量	嗉囊破损率	寄生虫	断肠	破损	其他	处理意见	实验	备注

备注：1.嗉囊破损率≤0.2%；2.破损率≤0.1%；3.检查频率为1次/小时。

检查人：　　　　　　　　　　　　审核：

图5-1-6　内脏检查表（示例）

体腔检查表

检查日期：   编号：

检查时间	污染		病变			内脏残留					肋骨折断	纠偏措施	复检	备注
	粪便污染	胆汁污染	炎症	结节	胸膜炎	心	肝	脾	膑	肠				

备注：1.污染严重的鸡只单独摘下，清洗消毒后上挂；2.摘下生产线上的病变鸡只，进行无害化处理；3.对于内脏去除不干净的鸡只，摘畜生产线，将残留内脏清理干净后再挂上；4.肋骨折断率小于等于5%；5.检查频率为1次/小时。

检查人：   审核：

图5-1-7　体腔检查表（示例）

第二节　检验检疫结果处理

一、宰前检疫结果处理

1. 宰前检疫合格的，准予屠宰，可签发《准宰通知书》，并回收《动物检疫合格证明》（图5-2-1至图5-2-3）。

2. 宰前检疫不合格的，按以下规定处理。

（1）发现有高致病性禽流感、新城疫等疫病症状的，限制移动，并按照《中华人民共和国动物防疫法》《重大动物疫情应急条例》《动物疫情报告管理办法》和《病死及病害动物无害化处理技术规范》（农医发〔2017〕25号）等有关规定处理。

（2）发现有鸡瘟、禽白血病、禽痘、马立克氏病、禽结核病等疫病症状的，患病鸡按国家有关规定处理。

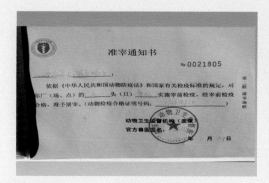

图5-2-1　饲养日志

图5-2-2　《准宰通知书》（示例）　　图5-2-3　回收《动物检疫合格证明》

（3）怀疑患有《家禽屠宰检疫规程》规定疫病及临床检查发现其他异常情况的，按相应疫病防治技术规范进行实验室检测，并出具检测报告。实验室检测须由省级动物卫生监督机构指定的具有资质的实验室承担。

（4）发现患有《家禽屠宰检疫规程》规定以外疫病的，隔离观察，确认无异常的，准予屠宰；隔离期间出现异常的，按《病死及病害动物无害化处理技术规范》（农医发〔2017〕25号）等有关规定处理。

（5）监督场（厂、点）方对病鸡的处理场所等进行消毒。监督货主在卸载后对运输工具及相关物品等进行消毒。

二、宰后检验检疫结果处理

1. 合格肉品的处理　合格的，由官方兽医出具动物检疫合格证明，加施检疫标志。

2. 不合格肉品的处理　不合格的，由官方兽医出具动物检疫处理通知单，并按以下规定处理。

（1）发现有高致病性禽流感、新城疫等疫病症状的，限制移动，并按照《中华人民共和国动物防疫法》《重大动物疫情应急条例》《动物疫情报告管理办法》和《病死及病害动物无害化处理技术规范》（农医发〔2017〕25号）等有关规定处理。

（2）发现有鸡瘟、禽白血病、禽痘、马立克氏病、禽结核病等疫病症状的，患病家禽按国家有关规定处理。

（3）发现患有《家禽屠宰检疫规程》规定以外其他疫病的，患病鸡屠体及副产品按《病死及病害动物无害化处理技术规范》（农医发〔2017〕25号）的规定处理，污染的场所、器具等按规定实施消毒，并做好生物安全处理记录。

3. 监督场（厂、点）方做好检疫病害动物及废弃物无害化处理。

三、无害化处理方法

病死鸡在官方兽医监督下送往无害化处理厂（图5-2-4）进行无害化处理。无害化处理是指用物理、化学等方法处理病死及病害动物和相关动物产品，消灭其所带的病原体，消除危害的过程。

图5-2-4　无害化处理厂

1. **运送** 如图5-2-5至图5-2-9所示。

图5-2-5　宰前病死鸡集中回收送往无害化处
理厂

图5-2-6　宰后收集废弃物

图5-2-7　病死畜禽无害化处理收集单据（示例）

图5-2-8　动物无害化处理收集专用车

运送动物尸体和病害动物产品应采用密闭、不渗水的容器，装前卸后必须消毒（图5-2-9）。

图5-2-9　消毒工具

2．焚烧法　是指在焚烧容器内，使病死及病害动物和相关动物产品在富氧或无氧条件下进行氧化反应或热解反应的无害化处理方法。

（1）适用对象　国家规定的染疫动物及其产品、病死或者死因不明的动物尸体，屠宰前确认的病害动物、屠宰过程中经检疫或肉品品质检验确认为不可食用的动物产品，以及其他应当进行无害化处理的动物及动物产品。

（2）操作方法　包括直接焚烧法和炭化焚烧法（图5-2-10、图5-2-11）。

图5-2-10　焚烧炉（1）　　　　　　　　图5-2-11　焚烧炉（2）

3．化制法　是指在密闭的高压容器内，通过向容器夹层或容器内通入高温饱和蒸汽，在干热、压力或蒸汽、压力的作用下，处理病死及病害动物和相关动物产品的无害化处理方法。它包括湿化法和干化法（图5-2-12、图5-2-13）。

图5-2-12　湿化机　　　　　　　　　　图5-2-13　干化机

4．高温法　操作方法：①可视情况对病死及病害动物和相关动物产品进行破碎等预处理。处理物或破碎产物体积（长×宽×高）≤125cm³（5cm×5cm×5cm）。②向容器内输入油脂，容器夹层经导热油或其他介质加热。③将病死及病害动物和相关动物产品或破碎产物输送入容器内，与油脂混合。常压状态下，维持容器内部温度≥180℃，持续时间≥2.5h（具体处理时间随处理物种类和体积大小而设定）。④加热产生的热蒸汽经废气处理系统后排出。⑤加热产生的动物尸体残渣传输至压榨系统处理。

5．深埋法　操作方法：①深埋坑体容积按实际处理动物尸体及相关动物产品数量确定。②深埋坑底应高出地下水位1.5m以上，要防渗、防漏。③坑底洒一层厚度为2～5cm的生石灰或漂白粉等消毒药。④将动物尸体及相关动物产品投入坑内，最上层距离地表1.5m以上。⑤生石灰或漂白粉等消毒药消毒。⑥覆盖距地表20～30cm，厚度不少于1～1.2m的覆土。

6．化学处理法

（1）硫酸分解法　操作方法：①可视情况对病死及病害动物和相关动物产品进行破碎等预处理。②将病死及病害动物和相关动物产品或破碎产物，投至耐酸的水解罐中，按每吨处理物加入水150～300kg，后加入98%的浓硫酸300～400kg（具体加入水和浓硫酸量随处理物的含水量而设定）。③密闭水解罐，加热使水解罐内温度升至100～108℃，维持压力≥0.15MPa，反应时间≥4h，至罐体内的病死及病害动物和相关动物产品完全分解为液态。

（2）盐酸食盐溶液消毒法　操作方法：①用2.5%盐酸溶液和15%食盐水溶液等量混合，将皮张浸泡在此溶液中，并使溶液温度保持在30℃左右，浸泡40h，1m²的皮张用10L消毒液（或按100mL 25%食盐水溶液中加入盐酸1mL配制消毒液，在室温15℃条件下浸泡48h，皮张与消毒液之比为1∶4）。②浸泡后捞出沥干，放入2%（或1%）氢氧化钠溶液中，以中和皮张上的酸，再用水冲洗后晾干。

（3）过氧乙酸消毒法　操作方法：①将皮毛放入新鲜配制的2%过氧乙酸溶液中浸泡30min。②将皮毛捞出，用水冲洗后晾干。

第三节　检验检疫证章标志

农业农村部制定了动物检疫合格证明、检疫处理通知单、动物检疫申报书、动物检疫标志等样式以及动物卫生监督证章标志填写应用规范。动物卫生监督证章标志的生产订购原则上按照《关于加强动物防疫监督工作的通知》（农牧发[1998]6号）执行。各省畜牧兽医主管部门也可根据需要，按照有关要求选择一家其他企业订购。所选的企业由各省动物卫生监督机构向农业农村部备案，纳入统一监管范围后，方可生产相关动物卫生监督证章标志。动物卫生监督证章标志的具体印刷要求由农村部通知相关生产企业，各生产企业需定期向农业农村部报送有关证明生产及发放情况等。

一、检验检疫证明

1.《检疫申报（受理）单》《检疫申报（受理）单》（图5-3-1）由农业农村部制定样式。肉鸡屠宰检疫申报方式为现场申报，屠宰厂（场、点）至少在肉鸡宰前6h填写检疫申报（受理）单，动物卫生监督机构根据《家禽屠宰检疫规程》相关规定进行审查决定是否受理。

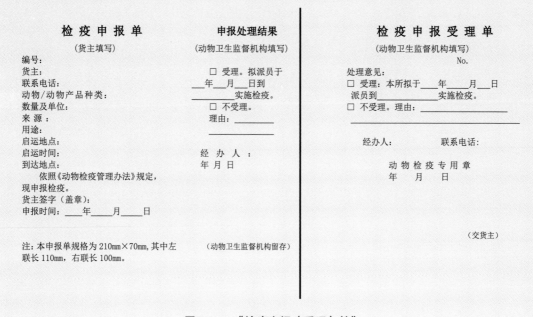

图5-3-1 《检疫申报（受理）单》

2.《检疫处理通知单》《检疫处理通知单》（图5-3-2）由农业农村部制定样式。肉鸡宰前检疫或者宰后检疫不合格时，官方兽医依据相关规定，出具《检疫处理通知单》。

检疫处理通知单

编号：＿＿＿＿＿

＿＿＿＿＿＿＿＿＿：

按照《中华人民共和国动物防疫法》和《动物检疫管理办法》有关规

定，你（单位）的＿＿＿＿＿＿＿＿＿＿＿＿＿＿＿＿＿＿＿＿＿＿＿＿＿

＿＿＿＿经检疫不合格，根据＿＿＿＿＿＿＿＿＿＿＿＿＿＿＿＿＿＿＿

＿＿＿＿＿＿＿＿＿＿＿＿＿＿＿＿＿＿＿＿＿＿＿＿＿＿＿＿＿＿＿＿

之规定，决定进行如下处理：

一、＿＿＿＿＿＿＿＿＿＿＿＿＿＿＿

二、＿＿＿＿＿＿＿＿＿＿＿＿＿＿＿

三、＿＿＿＿＿＿＿＿＿＿＿＿＿＿＿

四、＿＿＿＿＿＿＿＿＿＿＿＿＿＿＿

动物卫生监督所（公章）

年 月 日

官方兽医（签名）：

当事人签收：

备注：1.本通知单一式二份，一份交当事人，一份动物卫生监督所留存。

2.动物卫生监督所联系电话：

3.当事人联系电话：

图5-3-2 《检疫处理通知单》

3.《准宰通知书》 肉鸡宰前检疫合格，官方兽医依据《家禽屠宰检疫规程》，
可出具《准宰通知书》（图5-3-3）。

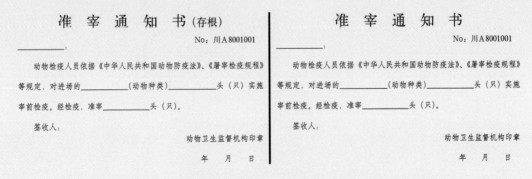

图5-3-3 《准宰通知书》（示例）

4.《动物检疫合格证明》《动物检疫合格证明》由农业农村部制定样式，是动
物与动物产品上市流通的合法有效凭证。《动物检疫合格证明》有4种样式（图5-3-4
至图5-3-7），分别为动物A、动物B、产品A和产品B。动物A和产品A适用于跨省
出售或运输动物/产品，动物B和产品B适用于省内出售或运输动物/产品。

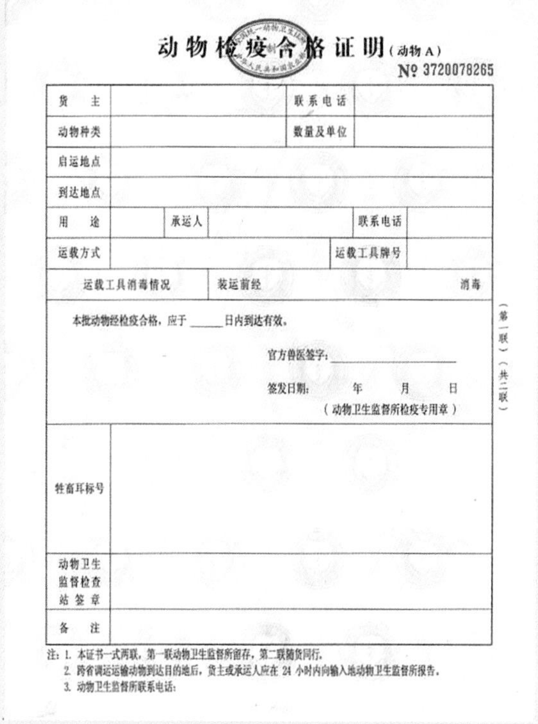

图5-3-4　跨省动物检疫合格证明

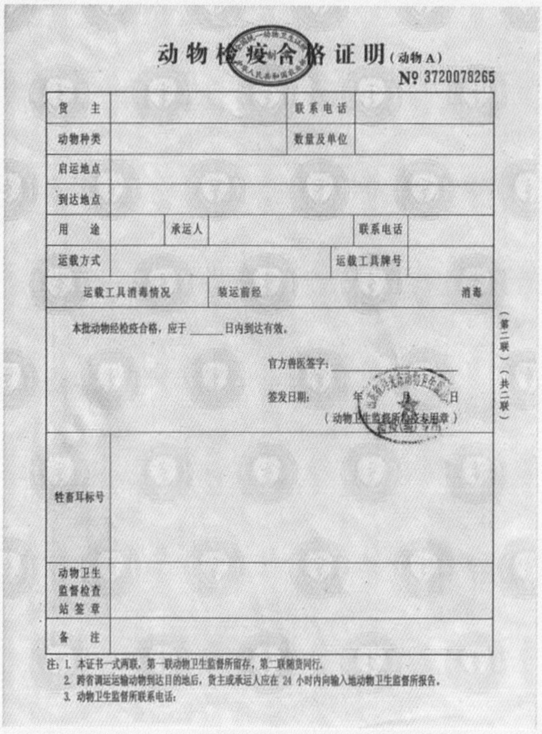

动物检疫合格证明 (动物B)

№ 3734997001

货　主			联系电话		
动物种类	数量及单位		用　途		
启运地点					
到达地点					
牲畜耳标号					

本批动物经检疫合格，应于当日内到达有效。

官方兽医签字：＿＿＿＿＿＿＿＿＿

签发日期：　　年　　月　　日

（动物卫生监督所检疫专用章）

（第一联）（共二联）

注：1. 本证书一式两联，第一联动物卫生监督所留存，第二联随货同行。
　　2. 本证书限省内使用。

动物检疫合格证明 (动物B)

№ 3734997001

货　主			联系电话		
动物种类	数量及单位		用　途		
启运地点					
到达地点					
牲畜耳标号					

本批动物经检疫合格，应于当日内到达有效。

官方兽医签字：

签发日期：　　年　　月　　日

（动物卫生监督所检疫专用章）

（第二联）（共二联）

注：1. 本证书一式两联，第一联动物卫生监督所留存，第二联随货同行。
　　2. 本证书限省内使用。

图5-3-5　省内动物检疫合格证明

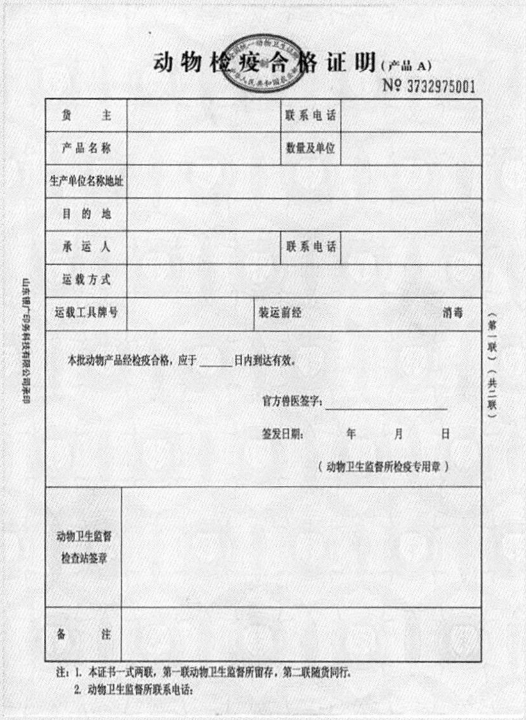

图5-3-6 跨省动物产品检疫合格证明

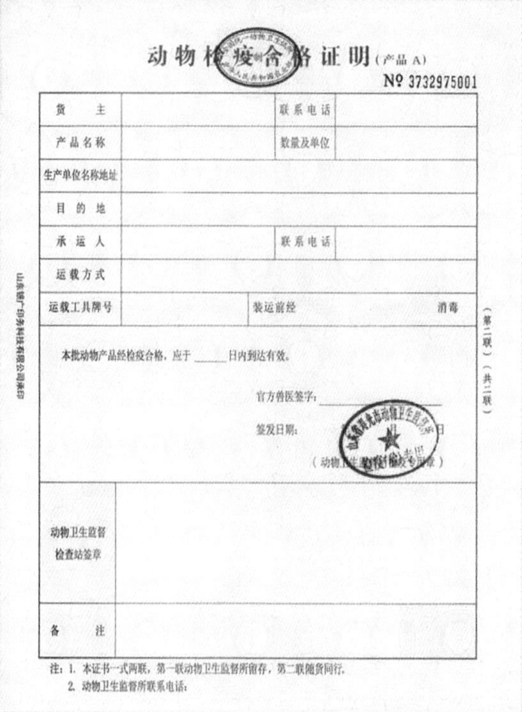

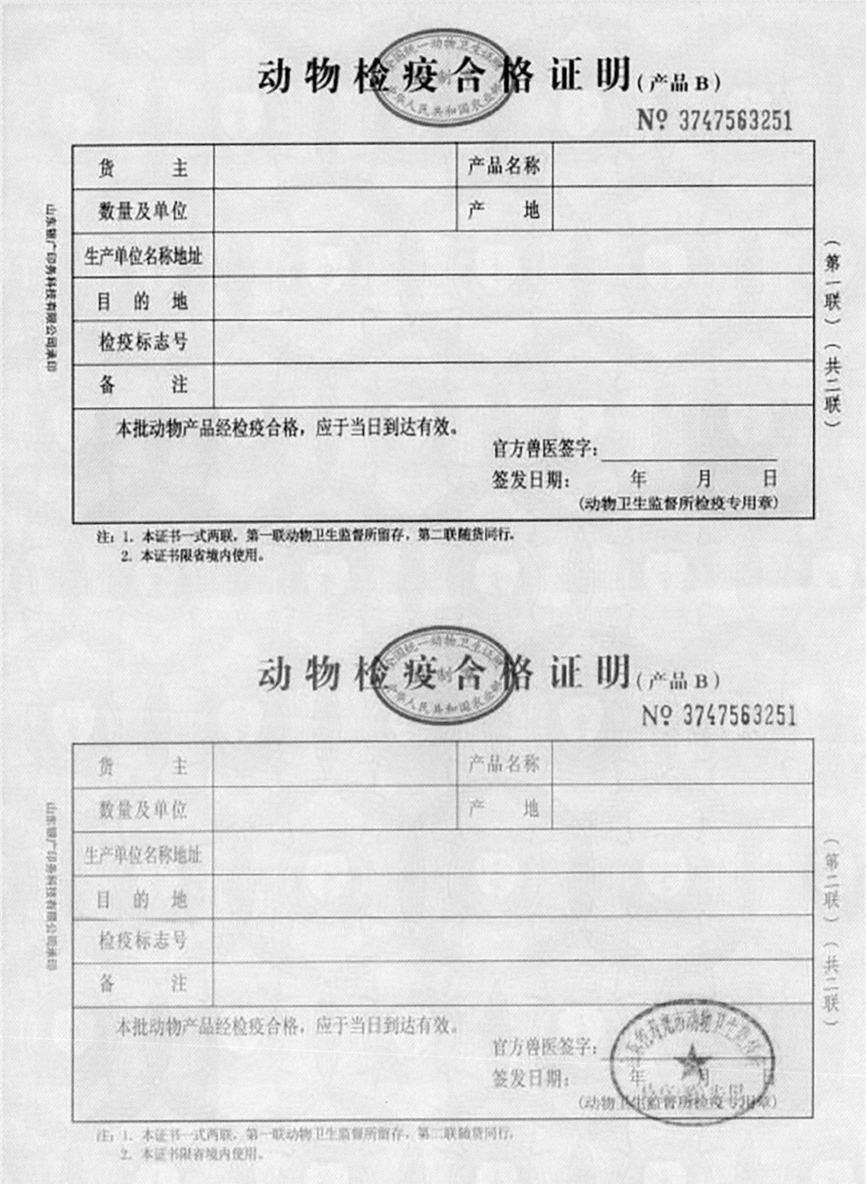

图5-3-7　省内动物产品检疫合格证明

二、检验检疫标志

1. **动物检疫合格标志**　动物检疫合格标志由农业农村部制定样式，是畜禽产品上市流通的合法有效凭证。该标志包括内粘贴标志（小标签）和外粘贴标志（大标签）。经加工分割、包装的鸡肉产品检疫合格后，分别在包装袋及包装箱上粘贴动物检疫合格标志（图5-3-8、图5-3-9）。

图5-3-8　动物产品检疫合格标志样图

A   B

图5-3-9　鸡屠宰产品外包装（A）和内包装上（B）的动物产品检疫合格标签

2.出口鸡肉检验检疫合格标志　我国出口鸡肉经过屠宰检验检疫合格后，按照与外国议定的合格标识格式，分别在包装袋及包装箱上粘贴动物检验检疫合格标志（图5-3-10）。

A   B

图5-3-10　出口鸡肉检验检疫合格标志图例
A:内包装标签　B:外包装标签

参考文献

蔡宝祥，2001．家畜传染病学[M]．北京：中国农业出版社．

陈溥言，2006．兽医传染病学[M]．第5版．北京：中国农业出版社．

李汝春，2016．动物性食品卫生检验[M]．北京：中国农业出版社．

李汝春，曲祖乙．2015．兽医卫生检验[M]．北京：中国农业出版社．

刘占杰，1989．动物性食品卫生学[M]．北京：中国农业出版社．

刘占杰，王惠霖．1989．动物性食品卫生学[M]．北京：中国农业出版社．

农业部，2010．家禽产地检疫规程［EB］．

农业部，2010．家禽屠宰检疫规程［EB］．

农业部，2017．病死及病害动物无害化处理技术规范［EB］．

肉鸡屠宰操作规程（GB/T 19478—2004）[S]．

食品安全国家标准 理化检验（GB 5009—2016）[S]．

食品安全国家标准 食品微生物学检验（GB 4789—2016）[S]．

屠宰企业消毒规范（SB/T 10660—2012）[S]．

张彦明，佘锐萍，2002．动物性食品卫生学[M]．第3版．北京：中国农业出版社．

郑明光，2003．动物性食品卫生检验[M]．北京：解放军出版社．

致　谢

　　本书的编写得到山东畜牧兽医职业学院、山东省畜牧兽医局、山东铭基中慧食品有限公司等单位的支持与帮助，在此一并表示衷心的感谢！